Volker Matthies

Kriege in der Dritten Welt

Reihe Analysen - Band 33

Volker Matthies

Kriege in der Dritten Welt

Analyse und Materialien

Leske Verlag + Budrich GmbH, Opladen 1982

Cip-Kurztitelaufnahme der Deutschen Bibliothek

Matthies, Volker:
Kriege in der Dritten Welt: Analyse und Materialien / Volker Matthies. – Opladen: Leske und Budrich, 1982.
(Analysen 33)

ISBN 978-3-8100-0390-4 ISBN 978-3-322-85831-3 (eBook)
DOI 10.1007/978-3-322-85831-3

Inhalt

Analyse

(Gespräch unter Bürgern)

Nichts Besseres weiß ich mir an Sonn- und Feiertagen,
Als ein Gespräch von Krieg und Kriegsgeschrei,
Wenn hinten, weit, in der Türkei,
Die Völker aufeinanderschlagen,
Man steht am Fenster, trinkt sein Gläschen aus
Und sieht den Fluß hinab die bunten Schiffe gleiten;
Dann kehrt man abends froh nach Haus
Und segnet Fried' und Friedenszeiten.
Herr Nachbar, ja! so laß ich's auch geschehn:
Sie mögen sich die Köpfe spalten,
Mag alles durcheinandergehn;
Doch nur zu Hause bleib's beim alten.

(J. W. Goethe, Faust, Der Tragödie Erster Teil).

1. Einführung: Was geht uns das kriegerische Geschehen in der Dritten Welt an?

Eines der wohl auffälligsten Merkmale der internationalen Beziehungen seit Ende des Zweiten Weltkrieges war und ist die „Simultaneität (Gleichzeitigkeit; V. M.) von metropolitanem Gewaltverzicht und peripherer Gewalt".[1] Während im Bereich der industrialisierten Staatenwelt, also im Bereich der Supermächte und ihrer Bündnispartner, ein relativer Frieden im Sinne eines auf atomaren Waffen beruhenden „Abschreckungsfriedens" herrschte, wurden im Bereich der Entwicklungsländer Asiens, Afrikas und Lateinamerikas weit über hundert kriegerische Konflikte ausgetragen. Nur an 60 Tagen, so hat man ausgerechnet, gab es zwischen 1945 und 1980 keinen Krieg auf der Erde[2]. Angesichts dieser Verlagerung der Kriege von Europa in die Dritte Welt wurde bereits etwas überspitzt von dem Beginn eines „Dritten Weltkrieges in der Dritten Welt" gesprochen.[3]

Was geht es nun eigentlich uns an, wenn „weit, in der Türkei" (= gleichbedeutend mit der heutigen Dritten Welt) die Völker aufeinanderschlagen? Auf den ersten Blick scheinbar kaum etwas; wir können solche Kriege (wie etwa den Vietnamkrieg) gewissermaßen als „Fernsehkriege" miterleben und dabei in aller Ruhe unser Gläschen trinken. Aber wenn man etwas genauer hinschaut, so werden wir doch von dem kriegerischen Geschehen in der Dritten Welt auf vielfältige Weise mitbetroffen. Diese Kriege können durchaus unseren Frieden stören, unsere Sicherheit bedrohen, unser Wohlergehen beeinträchtigen und dazu beitragen, daß es auch bei uns zu Hause nicht beim alten bleibt.

Zum ersten können Kriege in Asien, Afrika und Lateinamerika unsere Sicherheit im militärischen Sinne bedrohen, sei es, daß sie (wie z. B. die sowjetische Intervention in Afghanistan) Rückwirkungen auf das Ost-West-Verhältnis im allgemeinen und auf die Situation in Mitteleuropa im besonderen haben (z. B. Wiederbelebung des „Kalten Krieges", verschärfter Rüstungswettlauf, Gefährdung der Entspannungspolitik), sei es, daß sie sich (wie möglicherweise ein neuer Nahostkrieg) über ihren regionalen Ursprung hinaus ausweiten und dadurch das Risiko eines direkten Zusammenpralls der Supermächte erhöhen, oder sei es, daß wir durch Waffenlieferungen (Diskussion über eine Ausweitung der deutschen Rüstungsexporte) oder Interventionen (Diskussion über Aufstellung einer „schnellen Eingreiftruppe" des Westens und über eine Ausdehnung des NATO-Aktionskreises) mehr oder weniger direkt in sie verwickelt werden.

Zum zweiten können diese Kriege abgehoben von ihren militärischen Aspekten im Zusammenhang mit und als Ausdruck von Unterentwicklung und Massenarmut in der Dritten Welt auch zu einer Gefahr für das Ordnungsgefüge der Weltwirtschaft, für unsere Energie- und Rohstoffversorgung und damit für unser materielles Wohlergehen werden. Unter diesem Gesichtspunkt muß erkannt werden, „daß auch aus millionenfachem Hunger zusätzliche Gefährdung des Friedens erwächst"[4]:

„Kriege werden zumeist noch unter dem Blickwinkel militärischer Konflikte oder Zerstörung betrachtet. Doch gewinnt mehr und mehr die Einsicht Raum, daß auch Chaos ähnliche Gefahrenquellen darstellen kann – sei es als Ergebnis von Massenhunger, wirtschaftlicher Zusammenbrüche, Umweltkatastrophen, oder auch von Terrorismus."[5]

Aus dieser Erkenntnis läßt sich ableiten, daß Friedenspolitik und Entwicklungspolitik offenbar eng zusammen gehören:

„Wo Hunger herrscht, kann Friede trotz Hochrüstung nicht Bestand haben. Wer den Krieg bannen will, muß die Massenarmut bannen".[6]

Zum dritten erfordert es auch unsere mitmenschliche, weltweite Solidarität (Zusammengehörigkeitsgefühl) und Anteilnahme, daß wir uns mit den kriegerischen Konflikten in der Dritten Welt befassen, zumal diese ja mit enormem menschlichen Leid (Tote, Flüchtlinge usw.) verbunden sind. Dies nicht zuletzt auch deshalb, weil in einer historischen Sichtweise an uns durchaus eine „Kriegsschuldfrage" im Hinblick auf die Entwicklungsländer gestellt werden kann: über den Kolonialismus mit seiner wirtschaftlichen Ausbeutung und politischen Unterdrückung, seinen umstrittenen Grenzziehungen, über die Entkolonialisierungskriege, über den Ost-West-Konflikt und den Nord-Süd-Konflikt sind wir zumindest mitschuldig an dem kriegerischen Geschehen in der Dritten Welt. Engagierte Gruppen insbesondere junger Menschen kümmern sich aus mehr karitativen oder mehr politischen Gründen zunehmend um vom Krieg heimgesuchte Menschen in den Entwicklungsländern und machen damit die Probleme, „weit, in der Türkei" auch zu den ihren.

So läßt sich zusammenfassend festhalten, daß es nicht länger möglich ist, in bezug auf das Kriegsgeschehen in der Dritten Welt eine passive, beschauliche Haltung einzunehmen: die dortige Kriegsproblematik ist ein wesentlicher *Bestandteil der weltweiten Friedens- und Entwicklungsproblematik* und verlangt von uns daher eine aktive, engagierte Anteilnahme.[7] Unser Frieden, unsere Sicherheit und unser Wohlergehen lassen sich nicht mehr so einfach wie früher von dem Frieden, der Sicherheit und dem Wohlergehen der Menschen in den Entwicklungsländern ablösen.

Aus dieser Einsicht folgert, daß das kriegerische Geschehen in der Dritten Welt auch weit stärker als bisher in die Diskussion und den Unterricht über Krieg, Frieden und die Internationale Sicherheit Eingang finden muß.[8] Die vorliegende Analyse möchte hierzu einen kleinen Beitrag leisten. Sie skizziert die Aufrüstung in der Dritten Welt, widmet sich sodann den dortigen Kriegen, diskutiert den Zusammenhang der Sicherheit in der Dritten Welt mit der Internationalen Sicherheit und wendet sich abschließend der Diskussion über eine mögliche Ausweitung der deutschen Waffenlieferungen in die Dritte Welt zu.

Ergänzt wird diese Sach-ANALYSE durch zahlreiche MATERIALIEN (statistische Übersichten, Schaubilder und Tabellen, Dokumenten- und Textauszüge), die eng auf den Gang der Analyse bezogen sind und parallel zu dieser gelesen werden können. Die im Text der Analyse in Klammern gesetzten Nummern verweisen jeweils auf die entsprechenden Teile der Materialien.

2. Rüstung in der Dritten Welt

2.1 Bestimmungsgründe für die Rüstung in der Dritten Welt: Warum findet Rüstung statt?

Seit den 60er Jahren und insbesondere in den 70er Jahren ist in der Dritten Welt eine zunehmende *Aufrüstung* (Anhäufung militärischer Gewaltmittel) und *Militarisierung* (militärische Denk- und Organisationsformen überlagern zivile Denk- und Organisationsformen, Errichtung von Militärregimen, gewaltsam-militärische Lösung gesellschaftlicher Probleme) zu beobachten.[9] Die Aufrüstung der Entwicklungsländer ist zugleich mit einer *Zunahme des internationalen Waffenhandels* und der Rüstungslieferungen aus Industrie- in Entwicklungsländer verbunden. Zur Erklärung dieser Erscheinungen müssen die Motive und Antriebskräfte für Rüstung und Rüstungshandel sowohl auf der Empfänger- oder Nachfrageseite als auch auf der Liefer- oder Angebotsseite untersucht werden.[10] Dabei ist zu berücksichtigen, daß Rüstung offensichtlich vielfältige Gründe hat und mehrfache Funktionen erfüllt.[11]

Auf der *Nachfrageseite (Entwicklungsländer)* wären etwa folgende *Motive und Gründe zu nennen:*

- das koloniale Erbe von Rüstung und Militär in der Dritten Welt (die meisten Armeen in den heutigen Entwicklungsländern gingen aus den ehemaligen Kolonialarmeen hervor);
- Rüstung und Armee gelten als Ausdruck nationaler Souveränität und Unabhängigkeit;
- Rüstung dient der Sicherung gegen den „äußeren Feind" (z. B. gegen Nachbarstaaten in Grenzkonflikten, gegen raumfremde Interventionen);
- Rüstung dient der Sicherung gegen den „inneren Feind" (z. B. Herrschaftssicherung gegen internen Widerstand in Bürgerkriegen; Unterdrükkung und Kontrolle von unzufriedenen und/oder rebellischen Bevölkerungsgruppen);
- Rüstung dient der Untermauerung und Einlösung von regionalen Vormachtansprüchen (neue „Mittelmächte" in der Dritten Welt);
- Rüstung dient der Prestigesucht und ökonomischen Interessen von Regierungen und Militärs (z. B. Waffen als „Prunkstücke" bei Paraden und als Symbole nationaler Selbstdarstellung; Aufbau einer Rüstungsindustrie zur Förderung des Industrialisierungsprozesses). In diesem Zusammenhang wäre festzuhalten, daß zu Anfang der 80er Jahre insgesamt 54 Regierungen in der Dritten Welt als Militärregime zu bezeichnen sind.[12]

Auf der *Angebotsseite (Industrieländer)* wären etwa folgende *Motive und Gründe* hervorzuheben:

- die „Vorbildwirkung" der Rüstung der Industrieländer auf die Entwicklungsländer (Übernahme von Waffen, Militärdoktrinen, Militärorganisation und Rüstungsproduktionsstrukturen);
- Politische und wirtschaftliche Interessen (z. B. Schaffung von Abhängigkeiten und Einflußzonen, Schwächung und Verdrängung des Gegners im Ost-West-Konflikt, Schaffung und Verstärkung ökonomischer Abhängigkeit und Kontrolle, Sicherung des Rohstoffbedarfs, Absicherung des Zugangs zu Märkten sowie günstiger Investitionsbedingungen);
- der Angebotsdruck von seiten der Rüstungsindustrien in den Industrieländern (Interessenfilz militärisch-industrieller Komplexe wachsende Abhängigkeit von Rüstungsexporten und zunehmende Kommerzialisierung des internationalen Rüstungshandels).

Angesichts des komplexen Zusammenwirkens all dieser Motive und Antriebskräfte für Rüstung in der Welt hat man in Anlehnung an den Begriff der „Neuen Weltwirtschaftsordnung" von der Herausbildung einer *„Neuen Weltmilitärordnung"* gesprochen,[13] gekennzeichnet u. a. durch einen weltweiten Anstieg der Militärausgaben, besonders jedoch in der Dritten Welt, durch die Ausbreitung moderner, konventioneller Waffen in den Entwicklungsländern, durch den Aufbau von Rüstungsproduktionsstätten in vielen Teilen der Welt sowie durch die Zunahme militärischer Interventionen und kriegerischer Konflikte in der Dritten Welt. Die höchsten Ränge innerhalb dieser „Weltmilitärordnung" nehmen auch weiterhin die Industrieländer und insbesondere die beiden Supermächte ein, deren Wettrüsten im Rahmen des Ost-West-Konflikts auch wesentlich die Aufrüstung der Dritten Welt mitbestimmt. Zu der Einbeziehung der Dritten Welt in die neue internationale Militärordnung trug in historischer Sicht das Gewaltsystem der Kolonialherrschaft ebenso bei wie die weltweite Eindämmungspolitik der USA gegen die UdSSR in der Nachkriegszeit (Bündnisse, Militärstützpunkte, Waffenhilfe) und die „Ölkrise" von 1973 (enorme Finanzmittel aus Ölverkäufen zum Import von teuren modernen Waffen durch erdölexportierende Länder).[14]

2.2 Zur Quantität und Qualität der Rüstung in der Dritten Welt: wieviel und welche Art von Rüstung gibt es?

Die Aufrüstung der Entwicklungsländer war in den 70er Jahren und ist weiterhin durch *drei herausragende Merkmale* gekennzeichnet:

1) eine enorme Erhöhung der Militärausgaben und Vergrößerung der Zahl moderner Rüstungsgüter;

2) eine erhöhte Qualität der importierten Waffensysteme und
3) eine wachsende Beteiligung der Entwicklungsländer an der Herstellung von und dem Handel mit Rüstungsgütern.

Zu 1: Von 1965 bis 1979 hat sich der Anteil der Entwicklungsländer an den weltweiten Militärausgaben mehr als verdoppelt (er stieg von 6,3 % auf 15,3 % an – vgl. 1.1). Allerdings verteilten sich diese Ausgaben nicht gleichmäßig über die gesamte Dritte Welt, sondern konzentrierten sich auf gut ein Dutzend Länder (u. a. Iran, Saudi-Arabien, Ägypten, Indien), die zusammen etwa 2/3 der Aufwendungen bestritten. Auch die Einfuhr von Großwaffensystemen (Panzer, Flugzeuge, Schiffe) durch Entwicklungsländer erfuhr enorme Steigerungsraten: von 1966 bis 1971 verdoppelte sie sich nahezu, steigerte sich dann in den nachfolgenden fünf Jahren um 100 % und erreichte diese Steigerungsrate innerhalb von zwei Jahren (1976-78) noch einmal.[15] Insgesamt nahmen und nehmen die Entwicklungsländer ca. 70 % der weltweiten Waffenexporte ab;[16] allerdings ebenfalls auf bestimmte (kaufkräftige und/oder konfliktreiche) Regionen (Nah- und Mittelost: 48 %; Fernost: 17 % – vgl. 1.2) und Länder der Dritten Welt (1.5; 1.6) konzentriert. An der Verbreitung moderner Waffen in den Entwicklungsländern waren von den Industrieländern in rangmäßiger Abfolge vor allem die USA (45 %) und die Sowjetunion (27,5 %), aber auch Frankreich, England, Italien und die Bundesrepublik Deutschland beteiligt (1.2; 1.3; 1.4).

Zu 2: Deutlich erkennbar ist auch, daß sich die Entwicklungsländer nicht länger mit veraltetem Kriegsgerät zufrieden geben, sondern immer modernere Waffen und Produkte militärischer Spitzentechnologie verlangen. Neben hochgezüchteten Großwaffensystemen wie Kampfflugzeugen, Kampfpanzern und Kriegsschiffen sind dies zunehmend auch elektronische Ausrüstungen, Forschungs-, Entwicklungs- und Testeinrichtungen sowie komplette Produktionsanlagen und -technologien. Besonders bedenkenswert erscheint in diesem Zusammenhang der Import von Trägersystemen (Raketen), die möglicherweise auch Atomsprengköpfe tragen könnten.[17] Da immer mehr Länder der Dritten Welt für fähig gehalten werden, eigene Atomwaffen herzustellen (atomare Schwellenländer wie z. B. Argentinien, Brasilien, Mexiko, Ägypten, Irak, Indien, Pakistan, Südkorea und Taiwan),[18] stellt sich hier die Frage nach den möglichen politisch-militärischen Folgen einer weiteren Verbreitung solcher Trägersysteme.

Zu 3: Eine neue Qualität des Aufrüstungsprozesses in der Dritten Welt stellt die wachsende Beteiligung der Entwicklungsländer an Rüstungsproduktion und -handel dar.[19] Rüstungsproduktion findet mittlerweile in ca. 30 Entwicklungsländern statt, wobei allerdings beträchtliche Unterschiede bestehen „hinsichtlich des Umfangs und der Diversifizierung der Programme in den einzelnen Ländern, die von aufwendiger Eigenentwicklung komplexer moderner Kampfflugzeuge bis zur Lizenzproduktion von einfachen Teilen eines Waffensystems reichen"[20] (1.7). Wenngleich auch der internationale

Rüstungshandel in erster Linie zwischen Industrie- und Entwicklungsländern und in zweiter Linie zwischen Industrieländern abgewickelt wird, so sind doch „auch Rüstungstransfers innerhalb der Dritten Welt keine Seltenheit mehr. Es handelt sich dabei einerseits um den Weiterexport von gebrauchten, in Industrieländern beschafften Waffensystemen und andererseits um in Entwicklungsländern produzierte Waffen"[21] (1,8; 1.9).

2.3 Rüstung und Unterentwicklung– soziale, wirtschaftliche und politische Folgen von Rüstung in der Dritten Welt

Die gesellschaftlichen, wirtschaftlichen und politischen Folgewirkungen von Rüstung in der Dritten Welt sind der Forschung mittlerweile recht gut bekannt.[22] Sie scheinen insgesamt darauf hinauszulaufen, Strukturen und Mechanismen von Unterentwicklung zu erhalten und Entwicklung (Überwindung von Massenarmut, Befriedigung von Grundbedürfnissen) zu be- oder verhindern.

Als *wirtschaftliche Folgen* wären zu nennen:

- die Verringerung der Fähigkeit der Entwicklungsländer zum Import von Zivilgütern, da immer mehr knappe Ressourcen und Devisen für die Finanzierung des Rüstungsbedarfs beansprucht werden, der jedoch nicht zur Erweiterung der Produktionsbasis der Volkswirtschaft beiträgt und insofern Mittel, die zur Befriedigung von Grundbedürfnissen eingesetzt werden könnten, (1.10) unproduktiv verbraucht („Für den Preis nur eines Kampfflugzeuges [20 Millionen US-Dollar] könnte man etwa 40 000 Dorfapotheken errichten");[23]
- die Zunahme der Verschuldung zahlreicher Entwicklungsländer durch Waffenkäufe, die ihre Wirtschaften dem Zugriff westlicher Banken oder internationaler Finanzierungsinstitutionen (z. B. Internationaler Währungsfonds, Weltbank) öffnet;
- die Ausrichtung der Industrialisierung und Infrastruktur von Entwicklungsländern auf Rüstungsproduktion und militärische Erfordernisse. Die technologische „Bugwelle" moderner Rüstung führt zu unangepaßten Industrialisierungsmustern und hält die Entwicklungsgesellschaften in technologischer Abhängigkeit von den Industriegesellschaften. Ferner zwingt der Erwerb moderner Waffensysteme (z. B. Flugzeuge, Schiffe) zum Aufbau einer militärspezifischen Infrastruktur (z. B. Flugplätze, Hafenanlagen);
- der Abzug qualifizierten Personals (z. B. Ingenieure, Techniker) aus dem zivilen Sektor für den militärischen Sektor. Bei dem großen Bedarf an gut ausgebildeten Arbeitskräften bedeutet dies für die Entwicklung eines Landes einen erheblichen Aderlaß.

Als *gesellschaftliche und politische Folgen* wären zu nennen:

- die Verschärfung des sozialen Konfliktpotentials in Entwicklungsländern: „Das Übertragen von fortgeschrittener Technologie in industriell schwach entwickelte Länder führt ... zu einer Verschärfung der extrem ungleichzeitigen Entwicklung der verschiedenen wirtschaftlichen Sektoren, was wiederum die inneren Widersprüche ... verschärft und zur Militarisierung der Gesellschaften beiträgt“;[24]
- die (zumindest kurz- und mittelfristige) Stabilisierung diktatorischer und unterdrückerischer Militär- und Zivilregime: „Für sie stellen Rüstungsexporte eine wichtige Unterstützung zur Aufrechterhaltung von ungerechten sozialen Strukturen, zur Ausbildung einer zentralisierten Verwaltungsorganisation und zur Sicherung innenpolitischer stabiler Rahmenbedingungen für das investierende ausländische Kapital dar“;[25]
- die augenfällige Erhöhung der Fähigkeit und Bereitschaft zum gewaltsamen Konfliktaustrag nach innen und außen und damit zugleich auch der Wahrscheinlichkeit des Ausbruchs kriegerischer Konflikte. Doch wenn auch nicht Waffen Kriege beginnen, sondern Menschen, und es in der Wissenschaft noch umstritten ist, ob die Verfügung über mehr und mehr Waffensysteme Kriege wahrscheinlicher oder unwahrscheinlicher macht,[26] so scheint die wachsende Zahl kriegerischer Konflikte in der Dritten Welt eher auf die erstere Annahme hinzudeuten. Festzuhalten bleibt immerhin, „daß Rüstungswettläufe auf einen bestehenden Konflikt eine eskalierende Wirkung haben und damit die Kriegswahrscheinlichkeit drastisch erhöhen“,[27] und relativ unbestritten ist: „die Verfügbarkeit über moderne Waffensysteme macht Kriege blutiger, für Zivilisten vernichtender und erhöht die Folgeschäden für die Bevölkerung und die Umwelt. Die Zerstörungskraft und Reichweite moderner Waffensysteme sind in den letzten Jahren enorm angewachsen.“[28] Ferner tragen Rüstungstransfers in einem Konflikt zu dessen Internationalisierung und dadurch möglicherweise auch zu einer Gefährdung des Weltfriedens bei.

So läßt sich zusammenfassend mit der Nord-Süd-Kommission („Brandt-Kommission“) nur der Schluß ziehen, daß mehr Waffen die Menschheit nicht sicherer, sondern nur ärmer machen (1.11; 1.12).[29]

3. Kriege in der Dritten Welt

3.1 Empirischer Befund seit 1945 und Ausblick auf die 80er Jahre

In den Regionen Asiens, Afrikas und Lateinamerikas kam es seit 1945 zu einer Vielzahl kriegerischer Konflikte zwischen Industrie- und Entwicklungsländern einerseits und innerhalb und zwischen den Entwicklungsländern andererseits. Zum einen vollzog sich die Entkolonialisierung und die Herausbildung der Dritten Welt zum Teil in Form von antikolonialen Befreiungskriegen, zum anderen kamen in der nachkolonialen Zeit vielfältige politische, soziale und ethnische Spannungen in den jungen Gesellschaften und Staaten der sozio-ökonomisch unterentwickelten Regionen zum gewaltsamen Ausbruch. Der sich verschärfende Nord-Süd-Konflikt trug hierzu ebenso bei wie der sich global ausweitende Ost-West-Konflikt, in den zahlreiche Länder der Dritten Welt (u. a. durch Waffenlieferungen, Interventionen, Stellvertreterkriege) verwickelt wurden.

Je nach den zugrundeliegenden Kriterien, Definitionen, Datensätzen und Zeitperioden hat es (dem Kompendium von M. Leitenberg zu den Kriegen nach 1945 zufolge)[30] seit Ende des Zweiten Weltkrieges zwischen 30 und 300 „Kriege" gegeben, von denen die meisten in Entwicklungsländern stattfanden. Der Ungar I. Kende hat für die Jahre von 1945 bis 1976 insgesamt 120 Kriege gezählt, von denen nur 5 in Europa ausgetragen wurden, 115 jedoch in der Dritten Welt.[31] Im Jahre 1979 hat sich in Fortführung der Kriegsstatistik von Kende die Gesamtzahl der Kriege auf 133 erhöht (2.1; 2.2) und im Jahre 1981 wurde diese Zahl bereits auf ca. 140 geschätzt.[32] All diese Kriege unterschieden sich jedoch zum Teil erheblich durch ihre Dauer, ihre Intensität und Komplexität sowie durch ihre Auswirkungen auf das internationale System oder auf einzelne Regionen der Dritten Welt und waren in diesem Sinne politisch nicht gleichgewichtig.

Schlüsselt man nun die Kriege seit 1945 *regional* und *typologisch* auf, so ergibt sich (nach I. Kende) folgendes Bild: Von den insgesamt 120 Kriegen zwischen 1945-1976 wurden 5 (4,2 %) in Europa ausgetragen, 35 (29,2 %) in Asien, 36 (30,0 %) im Nahen Osten (einschließlich Nordafrikas), 21 (17,5 %) in Afrika (südlich der Sahara) und 23 (19,2 %) in Lateinamerika. Auffällig ist, daß der für Europa „klassische" Krieg, der *internationale (zwischenstaatliche) oder Grenzkrieg,* in der Dritten Welt nicht der häufigste Kriegstyp war, sondern der *interne (innerstaatliche) oder Bürgerkrieg;*

von den insgesamt 120 Kriegen waren nur 18 internationale Kriege, 102 jedoch interne Kriege (sowohl *Anti-Regime-Kriege,* die auf den Sturz einer Regierung oder einer Gesellschaftsordnung abzielen, als auch *Sezessionskriege,* bei denen es um die politisch-territoriale Absonderung einer Bevölkerungsgruppe geht). Ferner fällt auf, daß der Großteil aller Kriege in der Dritten Welt mit *ausländischer Teilnahme,* d. h. vor allem unter Beteiligung der Supermächte und ihrer Verbündeten, geführt wurde. Insgesamt waren fremde Streitkräfte in 74 (62 %) der 120 Kriege beteiligt. Die typischen Kriege unserer Zeit sind also interne bzw. Bürgerkriege mit ausländischer Beteiligung, während die internationalen bzw. Grenzkriege an relativer Bedeutung verloren haben. Allerdings weist bereits I. Kende darauf hin, daß die unabhängigen jungen Staaten zunehmend auch Kriege untereinander (und ohne ausländische Beteiligung) austragen können. Schon eine kurze Auflistung einiger wichtiger Kriege seit 1976 verweist auf die Zunahme dieses Kriegstyps: z. B. die Kriege zwischen Uganda/Tanzania, zwischen Äthiopien/Somalia, zwischen Peru/Ecuador, zwischen der VR China/Vietnam und zwischen Iran/Irak.

Für die *80er Jahre* wird eine *weitere Ausbreitung kriegerischer Konflikte in der Dritten Welt* vorhergesagt, die sich aus dem Zusammentreffen von vornehmlich vier Gründen ergibt:[33]

1. *Vervielfältigung innerstaatlicher und zwischenstaatlicher Konfliktursachen und -anlässe in der Dritten Welt*

Infolge ungelöster sozio-ökonomischer Entwicklungsprobleme und mangelnden politisch-gesellschaftlichen Zusammenhalts im Innern sowie wachsender ökonomischer und rüstungstechnischer Unterschiede zwischen Staaten der Dritten Welt wird es zunehmend zu sozialen und politischen Spannungen innerhalb von Staaten und zu machtpolitischen Ungleichgewichten und Vormachtansprüchen in den zwischenstaatlichen Beziehungen kommen, die sich vermehrt in gewaltsam-kriegerischer Form niederschlagen werden;

2. *erhöhte Bereitschaft der Supermächte zum verschärften Austrag des Ost-West-Konflikts in der Dritten Welt*

Der Ende der 70er und Anfang der 80er Jahre deutlich erkennbare Niedergang der ost-westlichen Entspannungspolitik und die anwachsende Supermacht-Rivalität und Interventionsbereitschaft bzw. -tätigkeit in Regionen der Dritten Welt (UdSSR z. B. in Afghanistan, USA z. B. in Mittelamerika und in der Golfregion) verweisen auf die neuerliche Entschlossenheit beider Supermächte, durch gewaltsam-militärische Mittel regionale Machtverhältnisse und innergesellschaftliche Zustände in der Dritten Welt zu ihren Gunsten zu beeinflussen und zu verändern;

3. *zugespitze internationale Rohstoff- und Energiesituation*

Zur Sicherung von Rohstoffen und Energien in der Dritten Welt neigt der Westen zunehmend dazu, seine „vitalen Sicherheitsinteressen“ inhaltlich (nicht nur militärische, sondern auch ökonomische Sicherheit) und geographisch (Einbeziehung der Dritten Welt insgesamt bzw. von Schlüsselregionen der Dritten Welt) weiterreichend zu definieren als bisher (z. B. Aufstellung einer Eingreiftruppe zur Sicherung der westlichen Erdölversorgung in der Golfregion). Dabei sieht der Westen seine Versorgungssicherheit durch eine angeblich „aggressive" Sowjetunion ebenso bedroht wie durch das möglicherweise unkontrollierbare Konfliktgeschehen in der Dritten Welt. Doch auch als Konfliktgrund zwischen Staaten der Dritten Welt muß Rohstoff- und Energiefragen (z. B. Erdöl und Erdgas, Süßwasser der Flüsse, Meeresressourcen) künftig eine relativ größere Bedeutung zugemessen werden als bisher.

4. *wachsende „Macht-Ausbreitung" in den internationalen Beziehungen*

Mit dem Begriff der „Macht-Ausbreitung" (Macht-Diffusion) soll zum Ausdruck gebracht werden, daß trotz der im Kern anhaltenden internationalen Militär- und Machtvorherrschaft der USA und UdSSR (sowie ihrer Blockpartner) seit geraumer Zeit mehr Länder als bisher in der Dritten Welt über mehr und bessere Waffen als früher verfügen und nachhaltiger als bislang einen zu kalkulierenden Faktor in der internationalen Sicherheitspolitik darstellen. Durch die (im vorigen Abschnitt geschilderte) quantitative und qualitative Ausweitung der Rüstung in der Dritten Welt sowie durch die Verfügung über wichtige Rohstoffe und/oder die Nutzung einer wichtigen politisch-strategischen Position haben Staaten der Dritten Welt zunehmend einen relativen machtpolitischen Handlungsspielraum gegenüber den ehemaligen Kolonial- und heutigen „Mittelmächten" sowie auch gegenüber den Supermächten erlangt. Als neue sicherheitspolitische Akteure, die auch das nukleare Waffenmonopol der klassischen Mächte aufbrechen wollen, tragen diese militärtechnisch und militärpolitisch „Emanzipierten" in der Dritten Welt zu einer weiteren Auflockerung und Instabilisierung des lange Zeit eher einfachen, bipolaren und relativ stabilen internationalen Sicherheitssystems bei und machen dieses tendenziell zu einem komplexen und multipolaren System.

Doch scheint diese militärtechnische und -politische Emanzipation von Dritte-Welt-Ländern zugleich auch deren Bereitschaft und Fähigkeit zu erhöhen, ihre Kriege (auch ohne die Teilnahme der klassischen Mächte) untereinander auszutragen, oftmals sogar – dies ist ein neues Phänomen – unter Beteiligung von anderen Dritte-Welt-Ländern (z. B. Kuba auf seiten Äthiopiens gegen Somalia, Waffenlieferungen Brasiliens an den Irak in dessen Krieg mit Iran). Während die industrialisierte Staatenwelt noch immer gewissermaßen in einer „Nach-Clausewitz-Phase" verharrt, gekennzeichnet durch Bemühungen um Rüstungskontrolle und Kriegsverhütung, gewinnt in der Dritten Welt die Clausewitz-Aussage vom Kriege als der Fortsetzung der Politik mit anderen Mitteln offenbar an Attraktivität (vgl. z. B. die Kriege der letzten Jahre zwischen Uganda/Tansania, Äthiopien/ Somalia, VR China/Vietnam, Ecuador/Peru und Iran/Irak).

3.2 *Ursachen der Kriege in der Dritten Welt: warum brechen sie aus und werden sie geführt?*

Die Vielfalt der Erscheinungsformen kriegerischer Konflikte in der Dritten Welt scheint auch die Annahme einer Vielfalt von Konfliktursachen nahezulegen. Manche skeptischen Beobachter heben daher die Komplexität der Kriegsursachen hervor, die in jedem Einzelfall auf einer besonderen Kombination von politischen, sozialen, ökonomischen, kulturellen, militärischen und psychologischen Faktoren beruhe, und warnen vor allzu voreiligen Verallgemeinerungen.[34] Dennoch scheint es möglich zu sein, zumindest einige allgemeine Aussagen zu treffen und verschiedene, Raum- und Zeitunterschiede übergreifende, Erklärungen anzubieten (2.3).

Zunächst einmal wäre hervorzuheben, daß alle kriegerischen Konflikte in der Dritten Welt im *historischen Kontext des Nord-Süd-Gegensatzes* betrachtet werden müssen, d. h., im Zusammenhang mit der kolonialen Vergangenheit und noch vielfach neo-kolonialen Gegenwart der Gesellschaften der heutigen Dritten Welt.[35] Hierbei geht es um das Aufspüren solcher Konfliktursachen, die sich von kolonialen Strukturen und Vermächtnissen herleiten: z. B. willkürliche bzw. unklare Grenzziehungen, das Auseinanderreißen ethnisch zusammengehöriger Volksgruppen oder die oft jahrzehntelange Bevorzugung einzelner Bevölkerungsgruppen zum Nachteil anderer Gruppen. Ferner wäre hinzuweisen auf die koloniale Hinterlassenschaft deformierter, unterentwickelter und abhängiger Wirtschafts- und Sozialstrukturen in Asien, Afrika und Lateinamerika.

Andererseits können die Gesellschaften der Dritten Welt nicht nur als passive Objekte bzw. unfreiwillige Opfer der historischen und gegenwärtigen Einmischungs- und Interessenpolitik der Industrieländer angesehen werden; vielmehr verfügen sie mittlerweile doch auch über einen relativ autonomen, wenngleich noch immer begrenzten, Handlungsspielraum gegenüber diesen, so daß auch ihre kriegerischen Konflikte in wachsendem Maße von *lokalen und/oder regionalen Antriebskräften* bestimmt werden.

Zur Erklärung der *Ursachen innerstaatlicher Konflikte in der Dritten Welt* bieten sich vornehmlich drei Erklärungskonzepte an: das Konzept der strukturellen Gewalt, das Konzept des kulturellen Pluralismus und das Konzept des internen Kolonialismus:[36]

– Bei dem *Konzept der strukturellen Gewalt* handelt es sich um ein Schlüsselkonzept der sog. kritischen Friedensforschung. Es geht auf den skandinavischen Friedensforscher Johan Galtung zurück, der eine grundlegende Unterscheidung traf zwischen struktureller und personaler Gewalt (bzw. indirekter/direkter Gewalt), die mit der Unterscheidung zwischen positivem und negativem Frieden (positiver Friede = Abwesenheit von struktureller Gewalt, negativer Friede = Abwesenheit von personaler Gewalt) in Beziehung steht.[37] Der Grundgedanke des Konzepts ist, daß Gewalt nicht nur als personal, direkt und gezielt angewendeter physischer Zwang existiert, sondern auch in indirekter Form gewissermaßen in gesellschaftliche Strukturen und politische Machtverhältnisse eingebaut ist. Es wird also nicht nur per Waffen getötet und verletzt, sondern auch per Gesellschaftsordnung (z. B. Hunger, Krankheit, Unterentwicklung). In diesem Sinne wird strukturelle Gewalt tendenziell gleichgesetzt mit einem System krasser sozialer Ungerechtigkeit.

In der lateinamerikanischen Gewalt-Diskussion wurde auch von „institutionalisierter Gewalt" gesprochen, welche die staatlich organisierte, ständige Unterdrückung von seiten der Regierung meint.[38] Der amerikanische Forscher Van der Mehden hat in einem ähnlichen Sinne den Begriff der „Establishment-Gewalt" verwendet, der sich ebenfalls auf die Gewaltanwendung staatlicher Agenten (Bürokratie, Polizei, Militär etc.) zur Aufrechterhaltung des gesellschaftlichen Status Quo bezieht.[39] Diese strukturelle, institutionalisierte und „von oben" her abgesicherte Gewalt kann nun eine „von unten" her sich formierende und organisierende personale, direkte „Gegengewalt" (etwa in Form von Guerilla- und revolutionären Massenbewegungen) produzieren und provozieren. Als konkrete, illustrative Beispiele für eine solche Dialektik von struktureller und direkter Gewalt ließen sich etwa die Bürgerkriege bzw. Revolutionen in Nicaragua und Äthiopien anführen, in deren Verlauf durch die Anwendung personaler (Gegen-)Gewalt krass ungerechte und verkrustete Gesellschafts- und Herrschaftsstrukturen (die „Bereicherungsdiktatur" des Somoza-Clans und das feudalistische Kaisertum in Äthiopien) beseitigt wurden. Ähnliches gilt auch für alle Aufstands- und Befreiungsbewegungen gegen koloniale und/oder rassistische Gewalt- und Herrschaftsverhältnisse (z. B. im südlichen Afrika). Vom Typus her stellen solche durch strukturelle Gewalt verursachten Kriege in der Regel Anti-Regime-Kriege dar, in denen es um den Sturz der Regierung und um die Umwälzung des Gesellschaftssystems geht.

- Das *Konzept des kulturellen Pluralismus* hebt demgegenüber weniger die sozialen und ökonomischen als vielmehr die ethnisch-kulturellen Konfliktfaktoren in der Dritten Welt hervor. Den zahlreichen ethnisch, rassisch, religiös oder sprachlich bestimmten Gruppenauseinandersetzungen vornehmlich in Asien und Afrika liegt nach Auffassung der Pluralismus-Theoretiker in der Regel kulturelle Andersartigkeit und kulturelle Unterdrückung in Vielvölkerstaaten zugrunde. Im Unterschied zu der (liberaldemokratischen) *politischen* Pluralismustheorie geht die *kulturelle* Pluralismustheorie von der Existenz elementar verschiedener und einander ausschließender Normen zwischen den Angehörigen verschiedener ethnischer Großgruppen aus, unter denen die politischen Spielregeln daher umstritten sind und sich eine Großgruppe mit Gewalt gegen die anderen durchsetzt.[40]

Aus einer solchen Analyse folgt, daß zahlreichen pluralen Gesellschaften der Dritten Welt ein Zerfall in ihre ethnischen Teile vorausgesagt und auf eine Fülle möglicher „Nationalitäten"-Konflikte aufmerksam gemacht wird:[41] nur 9 % aller Staaten der Erde seien ethnisch homogen, 19 % seien von einem Mehrheitsvolk mit über 90 % Volksanteil getragen; weitere 19 % aller Staaten wiesen eine ethnische Mehrheit von etwa 75-89 % Volksanteil auf, und ungefähr 31 Staaten (ca. 23 %) hätten eine ethnische Minderheit mit 50-74 % Volksanteil, während etwa 39 Staaten (ca. 30 %) aus ethnischen Gruppen bestünden, von denen keine einzelne die Mehrheit im Staat ausmache. Vom Typus her stellen Kriege, die ihre Ursachen in starkem Maße in einem solchen kulturellen Pluralismus haben, in der Regel Sezessionskriege dar, in denen ein unterdrückter Bevölkerungsteil die politisch-territoriale Absonderung und Eigenständigkeit anstrebt (z. B. Nigeria/Biafra, Südsudan, Pakistan/Bangladesh).

– Von dem marxistisch und polit-ökonomisch angeregten *Konzept des internen Kolonialismus* her wurde das Konzept des kulturellen Pluralismus scharfer Kritik unterzogen.[42] Den Pluralismus-Theoretikern wurde die Ausblendung von Kolonialismus und Imperialismus, von sozialen, ökonomischen und politischen Konfliktfaktoren sowie eine Unterschätzung der historischen Dynamik von Nationenbildungsprozessen vorgeworfen. „Kulturelle Andersartigkeit und daraus resultierende kulturelle Unterdrückung reichen“ D. Gerdes zufolge „allein nur selten aus, um einen Konflikt zwischen Mehrheit und Minderheit über lange Perioden hinweg aufrechtzuerhalten.“[43] Der entscheidende Grund für den Protest einer ethnischen Gruppe ist nicht der kulturelle Faktor als solcher, sondern erst dessen Verbindung mit ökonomischen Faktoren der Benachteiligung bzw. der Ausbeutung. In einer solchen Situation kommt einer ethnisch, religiös oder sprachlich bestimmten Konfliktformation allerdings eine wichtige expressive und instrumentelle Funktion zu: die „übereinstimmenden Grenzlinien von kultureller Andersartigkeit und ökonomisch-struktureller Benachteiligung ermöglichen erst eine ethnische bzw. nationalistische Mobilisierung gegen strukturelle Über- und Unterordnungsverhältnisse.“[44] In diesem Sinne ließe sich überall dort von einer Situation des „internen Kolonialismus“ sprechen, „wo immer eine religiös, sprachlich oder rassisch definierte Gruppe gegenüber einer ethnisch unterschiedlichen Gruppe in der gleichen Gesellschaft objektiv unterprivilegiert ist und diese Situation als Resultat der Diskriminierung durch die Fremdgruppe empfindet.“[45]

Bei der Erklärung der *Ursachen zwischenstaatlicher Konflikte in der Dritten Welt* kann einerseits auf Ansätze zurückgegriffen werden, die ihr Hauptaugenmerk auf die Struktur der Staatenwelt richten (= exogene Erklärungen), und andererseits auf Ansätze, die vornehmlich auf die inneren Verhältnisse der Staaten verweisen (= endogene Erklärungen).[46] *Exogene Erklärungen* zielen beispielsweise auf *internationale Herrschafts-, Abhängigkeits- und Schichtungsstrukturen* (also auf strukturelle Gewaltverhältnisse auf zwischengesellschaftlicher Ebene, Metropole-Peripherie-Beziehungen), die zu zwischenstaatlichen Konflikten führen können

(z. B. USA/Vietnam, Israel/arabische Staaten, Südafrika/afrikanische Staaten, UdSSR/Afghanistan). Ferner muß in diesem Erklärungszusammenhang auch die im Vergleich zu Europa noch *mangelnde territoriale Konsolidierung und machtpolitische Ausdifferenzierung des Staatensystems in der Dritten Welt* beachtet werden.

Während in Europa in den letzten zwei bis drei Jahrhunderten Grenzkriege und Territorialkonflikte die vorherrschenden Kriege waren, ist seit Ende des Zweiten Weltkrieges eine zunehmende territoriale Konsolidierung des europäischen Staatensystems zu beobachten. Es ging in der Nachkriegszeit mehr um die Absicherung territorialer Besitzstände als um territorialen Zugewinn, weniger um eine Veränderung von Grenzen als um deren exakte Delimitierung und Demarkierung. Die klassischen Minderheiten- und Nationalismusprobleme Europas verloren an – zumindest – relativer Bedeutung, und die Grenzen, deren Wert als schützende „Schale" des Territorialstaates im Zusammenhang mit der modernen Militärtechnologie, besonders im Nuklearbereich, entscheidend gemindert war[47]. wurden völkerrechtlich weitgehend abgesichert.

Im Bereich der Dritten Welt war und ist jedoch eine solche staatlich-territoriale Konsolidierung noch nicht festzustellen. Die von den Europäern im Zuge der Entkolonialisierung hinterlassenen, der politisch, wirtschaftlich und strategisch bestimmten Imperiumsratio folgenden Grenzziehungen, die häufig nur ungenau delimitiert oder demarkiert und damit völkerrechtlich nur unzureichend abgesichert waren, vielfältige Nationalismus- und Minderheitenprobleme sowie traditionell begründete territoriale Ansprüche führten in der Dritten Welt zu zahlreichen Grenzkonflikten und zwischenstaatlichen Auseinandersetzungen (z. B. Indien/Pakistan, Somalia/Äthiopien).[48] Dies insbesondere auch dort, wo in entlegenen und bisher kaum erschlossenen Grenzgebieten überraschend wertvolle Rohstoffe entde
senen Grenzgebiete überraschend wertvolle Rohstoffe entdeckt wurden (z. B. Erdöl im Falle des Grenzkonflikts zwischen Ecuador/Peru).

Die sich bereits vollziehende und in der Zukunft zu erwartende noch stärkere Ausdifferenzierung und Hierarchisierung des Staatensystems in der Dritten Welt (u. a. nach ökonomischen und militärischen Potentialen, Bevölkerungsgröße, Industrialisierungsgrad, Ressourcenausstattung, dem Grad weltwirtschaftlicher Integration; z. B. Ländergruppen des OPECs und NOPECs, der industriellen Schwellenländer, der am wenigsten entwickelten Länder)[49], die damit verbundene zunehmende Herauskristallisierung von konkurrierenden „Nationalinteressen" sowie die Formierung rivalisierender regionaler Vormächte, die aufgrund ihrer ökonomischen, militärischen und demographischen Stärke innerhalb der Dritten Welt eine Sonderstellung beanspruchen und einnehmen werden (z. B. Brasilien, Mexiko, Nigeria, Indien, Indonesien), machen ebenfalls neue und vermehrte zwischenstaatliche Konflikte (Hegemonial-, Ressourcen- und Territorialkonflikte) wahrscheinlich.[50] Allerdings entstehen solche Konflikte, wie Grabendorff treffend bemerkt hat, nicht unvermittelt, „sondern werden zumeist durch ein komplexes Zusammenwirken von Grenzstreitigkeiten, historischen Feindbildern, wirtschaftlichen Konkurrenzsituationen, Systemgegensätzen, rüstungstechnischen Ungleichgewichtigkeiten und Großmachteinflüssen virulent."[51]

Bei den *innergesellschaftlichen Bedingungen zwischenstaatlicher Konflikte* scheinen in der Dritten Welt ähnliche Einflußfaktoren von Bedeutung zu sein wie im Bereich der Industrieländer: so z. B. das *Machterhaltungs-Interesse von Klassen oder Herrschaftsgruppen* gegenüber auswärtigen Bedrohungen (wie vermutlich das des Irak-Regimes gegenüber der Bedrohung durch die Revolution im Iran)[62], *Gewinn-Interessen einflußreicher Klassen oder Bevölkerungsgruppen* (wie etwa ökonomische und politische Interessen nomadischer Clan-Gruppen im Konflikt zwischen Somalia und Äthiopien)[53] oder die *Außenableitung innerer Spannungen („Sündenbock"-Theorie)*[54]. Gerade diese letztere innergesellschaftliche Erklärung zwischenstaatlicher Konflikte ist außerordentlich populär und wird immer wieder gern zur Deutung zwischenstaatlicher Kriege in der Dritten Welt angeführt. Dabei wird gewöhnlich unterstellt, daß ein wachsender sozio-ökonomischer und politischer Problemdruck auf die Herrschaftsgruppen der Entwicklungsländer (etwa von seiten unzufriedener Bevölkerungsgruppen und/oder oppositioneller Bewegungen) die Machthaber dazu verleitet, zur Erleichterung dieses Drucks gesellschaftliche Spannungen gegen einen Außenfeind abzulenken.

3.3 Internationalisierung der Kriege: warum, in welcher Form und mit welchen Folgen gibt es eine ausländische Beteiligung an den Kriegen in der Dritten Welt?

Unter der „Internationalisierung" von zunächst lokal/regional begrenzten (inner- und zwischenstaatlichen) Konflikten wird in einem allgemeinen Sinne jede Art des Ausgreifens des Konfliktgeschehens über die ursprünglich direkt beteiligten Konfliktparteien hinaus auf weitere Parteien (z. B. Staaten, Staatengruppen, internationale Organisationen) verstanden.[55] Dies kann entweder dadurch geschehen, daß die ursprünglichen Kontrahenten dritte Parteien als Bündnispartner in den Konflikt hineinziehen, oder daß dritte Parteien von sich aus in Verfolgung ihrer Eigeninteressen aktiv in das Konfliktgeschehen eingreifen. Das Mittel, über das es zur Internationalisierung eines Konflikts kommt, ist in der Regel die *„Intervention"* dritter Parteien, die von einer mehr allgemeinen diplomatisch-politischen Verwicklung über Wirtschafts- und Militärhilfe bis zu offenen, direkten militärischen Eingriffen mit eigenen Truppen reichen kann.

Im Verlauf von Konflikten führen die feindseligen Handlungen der Kontrahenten oftmals zu Spiralwellen von Aktion und Reaktion, deren Auftreten gemeinhin als „Eskalation" bezeichnet wird, und die zu einer solchen Ausweitung von zunächst begrenzten Kriegen führen können. Der weitere Ablauf des Konflikts hängt dann immer stärker von der Art und Intensität der Unterstützung der unmittelbaren Konfliktparteien durch dritte Parteien ab. Oftmals ist es dann nicht mehr so sehr ein Krieg als solcher, der in der Weltöffentlichkeit Aufsehen erregt, sondern erst der Prozeß der Internationalisierung dieses Krieges, weil das Konfliktgeschehen durch die Beteiligung dritter Parteien und die Bereitstellung zusätzlicher Gewaltmittel (z. B. Waffen und Truppen) komplexer, gewaltintensiver, weiträumiger, kostspieliger und langwieriger wird und gefährliche weltpolitische Risiken mit sich bringt. Eines der eindringlichsten Beispiele dieser Art von Konfliktinternationalisierung war das Kriegsgeschehen in Indochina nach dem Zweiten Weltkrieg. Wie der empirische Befund ergeben hat, können innerstaatliche Kriege mit ausländischer Beteiligung (internationalisierte Bürgerkriege) als die typischen Kriege der Nachkriegszeit gelten. Dabei ist die (militärische) Intervention immer mehr zu einem Regelfall internationaler Beziehungen geworden, sei es von seiten der Supermächte (oder ihrer Stellvertreter), sei es von seiten ehemaliger Kolonialmächte (in Verfolgung traditioneller Nationalinteressen wie z. B. Frankreich in Afrika) oder sei es von seiten neuartiger Interventionsmächte aus der Dritten Welt selbst (z. B. Kuba in Angola und Äthiopien).

Neben dem „klassischen“ Typus der großen, offenen und direkten militärischen Intervention (Einsatz fremder Kampftruppen im Großmaßstab wie z. B. die USA in Vietnam oder die UdSSR in Afghanistan) werden hierbei verdeckte und verfeinerte Formen militärischer Intervention immer wichtiger, die zunehmend unter der Bezeichnung „Militärhilfe“ geführt werden:[56] u. a. Abschlüsse militärischer Beistandspakte und/oder militärischer Kooperationsabkommen (2.4; 3.8), Waffenhandel, Waffenhilfe, Finanzierung von Waffenkäufen, Errichtung logistischer Infrastrukturen (z. B. Flughäfen, Seehäfen, Straßen, Brücken), Ausbildung von Offizieren und Mannschaften, Entsendung von Militärberatern, Piloten, Nachrichtenspezialisten, Söldnern und Terroristen, gemeinsame Militärübungen. Derartige Interventionen werden nicht mehr nur allein von den Super- und europäischen Mittelmächten, sondern auch von einem stetig größer werdenden Kreis von Dritte-Welt-Ländern durchgeführt (neben USA, UdSSR, Frankreich, Großbritannien sind dies vor allem Israel, Saudi-Arabien, Ägypten, Kuba, Pakistan, Indien, Taiwan, Nordkorea, Libyen und Marokko).

Nord-Süd-Konflikt und Ost-West-Gegensatz bilden die globalen Zusammenhänge, in denen die Interventionspolitik der Supermächte in der Dritten Welt stattfindet. Während die USA und ihre westlichen Verbündeten ein Ausscheren der Entwicklungsländer aus der kapitalistischen Weltwirtschaft und ein Eindringen der Sowjetunion in diese Länder verhindern wollen, sucht die UdSSR umgekehrt eben dieses zu erreichen. Im Zuge der Systemkonkurrenz zwischen Ost und West wurden die Regionen und Konflikte der Dritten Welt nach dem Zweiten Weltkrieg gewissermaßen zu der *„Süddimension des Ost-West-Konflikts.“*[57] Beide Supermächte suchten die Verhältnisse und Geschehnisse in Entwicklungsländern durch Androhung und/oder Anwendung von militärischer Gewalt zu beeinflussen und zu kontrollieren (2.4). Nach empirischen Untersuchungen lag der Schwerpunkt der Demonstration militärischer Macht als Mittel außenpolitischer

Einflußnahme in den Jahren von 1945 bis 1966 eindeutig auf seiten des Westens, der ehemaligen Kolonialmächte (Kolonialkriege) und der USA (Kalter Krieg, Eindämmung der Sowjetunion – vgl. 2.5).[58]

In diesen Jahren verfügten die USA über eine Art von Interventionsmonopol (Marine-Corps und trägergestützte Luftüberlegenheit an fast jedem Ort der Welt einsetzbar).[59] Die Sowjetunion hingegen nahm erst seit dem Nahostkrieg von 1967 eine rege Interventionstätigkeit in der Dritten Welt auf.

Bei einem Vergleich der Interventionsmöglichkeiten und -tätigkeiten von USA und UdSSR müssen jedoch einerseits die Unterschiede in der historischen Ausgangslage und den geographischen Verhältnissen im Hinblick auf die Staaten der Dritten Welt und andererseits die Unterschiede bezüglich der militärisch operativen Fähigkeit der See- und Luftstreitkräfte im Hinblick auf Interventionen in Entwicklungsländern berücksichtigt werden.[60] Während die USA und der Westen angesichts der weitgehenden Integration der meisten Entwicklungsländer in das kapitalistische Weltwirtschaftssystem auch über ein breites Arsenal an politischen und wirtschaftlichen Einflußmöglichkeiten (z. B. ökonomische Instabilisierung von politisch unbotmäßigen Gesellschaften/Regimen in der Dritten Welt, Kontrolle von Entwicklungsländern über internationale Wirtschaftsorganisationen wie den Internationalen Währungsfonds) verfügen,[61] kann die Sowjetunion kaum auf solche nichtmilitärischen Mittel zurückgreifen. Im Bereich der militärisch operativen Kapazität der See- und Luftstreitkräfte der Sowjetunion zeigt sich, daß ihre Marine trotz anhaltender Modernisierung und Ausweitung noch lange nicht die Möglichkeiten der amerikanischen Seestreitkräfte erreicht hat. Insbesondere soll es der Sowjetunion auch weiterhin an schlagkräftigen trägergestützten Luftstreitkräften mangeln. So kann mit P. Lock festgehalten werden, „daß mindestens in den nächsten zehn Jahren einzig die USA in der Lage sein werden, gegen militärischen Widerstand in der Dritten Welt militärisch zu intervenieren. Auf sowjetischer Seite ist dies nur in Ländern denkbar, die an die Sowjetunion angrenzen."[62]

Angesichts der zunehmenden Interventionstätigkeit und Internationalisierungsprozesse von Konflikten in der Dritten Welt gewinnen, eingebettet in den Nord-Süd- und Ost-West-Gegensatz, zahlreiche Kriege in Entwicklungsländern, abgehoben von ihren ursprünglichen Ursachen und Kontrahenten, oftmals eine politisch-militärische Bedeutung, die weit über ihren zunächst begrenzten lokalen/regionalen Rahmen hinausreicht. Den beiden Supermächten kommt in diesen Zusammenhängen im Interesse des Weltfriedens und friedlicher Zustände und Entwicklungen in der Dritten Welt eine besondere Verantwortung zu. Doch als "Manager des internationalen Systems" scheinen sie in aller Regel ihr Augenmerk mehr auf „Konfliktmanagement" und „Konfliktverschärfung" als auf „Konfliktverhütung" oder „Konfliktregelung" zu richten.[63] Sie nutzen die Konflikte in der Dritten Welt gewissermaßen als „Ventile" und „Faustpfänder" in ihrem globalen Konkurrenzkampf, der im atlantischen Raum infolge der atomaren Risiken nicht ausgetragen werden kann und haben ferner sowohl ein ökonomisches (Waffenverkäufe) als auch ein militärtechnisches Interesse (Test neuer Waffensysteme) an den Kriegen der Dritten Welt. So liegt der begründete Verdacht nahe, daß die Supermächte durchaus an einem zumindest gewissen, für sie noch kontrollierbar erscheinendem Ausmaß an Instabilität und Konflikt in den Entwicklungsländern interessiert sind, um diese an sich zu binden, abhängig zu halten und sie an der Entfaltung ihrer Eigenständigkeit zu hindern.[64]

3.4 Kosten von Kriegen in der Dritten Welt und Möglichkeiten ihrer Verhütung oder friedlichen Beilegung

Der Beschäftigung mit den Möglichkeiten friedlicher Konfliktregelung in der Dritten Welt liegt die Annahme zugrunde, daß in der Regel die *physischen, sozialen, wirtschaftlichen und politischen Kosten* von Kriegen in Entwicklungsländern derart hoch sind, daß eine friedliche Konfliktregelung dem gewaltsamen Konfliktaustrag allemal vorzuziehen ist, ganz zu schweigen von ethisch-moralischen Erwägungen.

Die Gesamtzahl der in den Kriegen seit 1945 ums Leben gekommenen Menschen wird auf ca. 20 Millionen geschätzt. Einzelne Kriege in der Dritten Welt kosteten Zehntausende, Hunderttausende und Millionen von Menschen das Leben (2.6). Zu den Toten eines Krieges kommen noch die Versehrten und Waisen sowie die Flüchtlinge innerhalb und außerhalb der von Kriegswirren betroffenen Länder. Für offiziell registrierte Flüchtlinge wird derzeit eine Ziffer von 10-11 Millionen genannt; die geschätzte Dunkelziffer beläuft sich jedoch auf ca. 15-17 Millionen Flüchtlinge in der Welt, wobei die Hauptflüchtlingsströme im Zusammenhang mit kriegerischen Auseinandersetzungen (für Afrika vgl. 2.7) stehen.[65] Kriege kosten zudem viel Geld und zerstören bzw. beeinträchtigen Infrastrukturen, ökonomische Potentiale, sei es im Bereich der Landwirtschaft oder der Industrie (z. B. Zerstörung von Produktionsanlagen, ökologische Belastung der Landschaft und Landwirtschaft durch Giftstoffe bei chemischer Kriegsführung wie u. a. in Vietnam).

Allgemein läßt sich über kriegerische Konflikte in der Dritten Welt sagen, daß sie offensichtlich eine Fehlleitung von knappen Ressourcen (von produktiven, zivilen Zwecken zu unproduktiven, militärischen Zwecken) bewirken, politische Energien und Talente von zivilen Entwicklungsaufgaben ablenken und in der Regel mit hohen physischen, sozialen, wirtschaftlichen und finanziellen Kosten sowie mit enormem menschlichen Leid verbunden sind. Angesichts der Risiken ausländischer Interventionen in solchen Konflikten besteht ferner die Gefahr, daß die angestrebte Eigenständigkeit und Unabhängigkeit der Gesellschaften der Dritten Welt behindert bzw. unmöglich gemacht wird. Zwischenstaatliche Konflikte in der Dritten Welt tragen zudem dazu bei, die Solidarität und Zusammenarbeit zwischen Entwicklungsländern und gegenüber den Industrieländern zu erschweren.

Auf diesem Hintergrund sind die *Bemühungen um eine friedliche Konfliktregulierung* zu sehen, die vornehmlich auf die Begrenzung, Entschärfung und Kontrolle von bereits ausgebrochenen Kriegen konzentriert sind (also auf die *Ausschaltung der Symptome eines Konflikts* wie z. B. Drohpolitik und Gewaltanwendung), jedoch auch Anstrengungen zu einer vorausschauenden Konfliktverhütung und Konfliktbeseitigung (also zu einer *Ausschaltung der Konfliktursachen*) einschließen. Je nach dem Typus eines Krieges, seiner Komplexität und nach seinem Internationalisierungsgrad stehen solchen Regulierungsbemühungen verschiedene Verfahrensweisen und Lösungsmöglichkeiten zur Verfügung (2.8).[66]

Bezüglich zwischenstaatlicher Kriege in der Dritten Welt wäre etwa auf bilaterale Verhandlungen hinzuweisen, die zu entmilitarisierten Zonen, zu Nichtangriffspakten, zur Aufnahme diplomatischer Beziehungen und zu Kooperationsabkommen führen könnten. Eine große Bedeutung kommt auch der Vermittlung durch dritte Parteien zu, seien dies eine Supermacht, ein Nachbarland, die Vereinten Nationen oder regionale, kollektive Sicherheitssysteme (z. B. Organisation für die Einheit Afrikas – vgl. 3.8).

Bezüglich innerstaatlicher Kriege in der Dritten Welt gäbe es z. B. die Möglichkeit der Bildung einer Koalitions- oder Proporzregierung, die Gewährung von Autonomie oder die Garantie von Minderheitenrechten.

3.5 Bewertung der Kriege in der Dritten Welt: Legitime oder illegitime Gewaltanwendung?

Die weit verbreitete Forderung: „Nie wieder Krieg!" scheint, wenn sie universal gelten und nicht nur auf die vom Atomkrieg bedrohten Europäer begrenzt sein soll, zu beinhalten, daß auch die Kriege in der Dritten Welt grundsätzlich als negative und verdammungswürdige soziale Tatbestände zu bewerten seien. Damit wird jedoch die Beantwortung der ethisch-moralisch schwierigen und häufig verdrängten bzw. tabuisierten Frage nach einer unter bestimmten Umständen möglicherweise begründbaren *Rationalität und Legitimität von Gewalt und Krieg in der Dritten Welt* von vornherein erschwert.[67]

Immer wieder gab und gibt es Stimmen, die trotz der hohen Kosten von Kriegen diese im allgemeinen und in der Dritten Welt im besonderen zu rechtfertigen suchen und auch auf gewisse konstruktive Aspekte von Gewalt und Krieg hingewiesen haben. Die Formel vom „gerechten Krieg" beispielsweise findet sich im Christentum, im Islam und im Marxismus;[68] Revolutionstheoretiker wie Marx, Lenin und Mao Tse-tung hoben die schöpferischen Momente revolutionärer Gewalt hervor, und im Kontext des algerischen Befreiungskampfes pries Fanon die reinigende Funktion antikolonialer Gewaltanwendung in der kolonialen Situation („Wiedergeburt des Kolonisierten durch Gewalt")[69]. Auch die Friedensforschung (u. a. „Plädoyer für eine revolutionäre Konfliktforschung")[70] und das Völkerrecht (u. a. Recht auf nationale Selbstverteidigung; Art. 7 der UN-Charta: Durchsetzung des Selbstbestimmungsrechtes mit militärischer Gewalt und der Befreiungskampf; „Die Guerilla-Waffe des Selbstbestimmungsrechts der Völker?")[71] haben sich mit diesen Problemen befaßt.

Krieg wäre möglicherweise gerade unter den Verhältnissen der Dritten Welt nicht unbedingt nur als ein negativer sozialer Tatbestand anzusehen, sondern auch als eine Chance und ein Mittel zur Befreiung, Emanzipation und sozialen Entwicklung der Unterprivilegierten gegenüber den Herrschenden. Wenn in der Dritten Welt „Armut" der Name für „Krieg" ist, und „Friede" gleichbedeutend mit „Entwicklung" (also der Überwindung von Unterentwicklung und Armut) ist,[72] so könnten insbesondere im Zusammenhang mit *strukturellen Gewaltverhältnissen* Kriege eine legitime instrumentale Bedeutung gewinnen.[73] Ernesto Cardenal beispielsweise bezeichnete anläßlich des Befreiungskampfes des Volkes von Nicaragua gegen das Somoza-Regime die „Revolution als christliche Forderung" (2.9), und die Allafrikanische Kirchenkonferenz erklärte im Hinblick auf den Befreiungskampf im südlichen Afrika: „Hinter dem Befreiungskampf steht ein echtes Verlangen nach Frieden und menschlicher Erfüllung."[74] Nach Meinung der Konferenz sollte der Befreiungskampf gegen unterdrückerische Regime von der zunehmenden Militarisierung und dem „Wahnsinn der Nuklearisierung" unterschieden werden: „Wir sollten anerkennen, daß die Gewalt der Unterdrückten Gegengewalt ist, die ihnen durch die Unnachgiebigkeit der Unterdrücker aufgezwungen worden ist."[75] Hält man nun bestimmte Kriegsgeschehnisse in der Dritten Welt für legitim, so scheint es ebenso legitim zu sein, bestimmte militärische Interventionen dritter Parteien in diesen Kriegen gutzuheißen (so vertrat z. B. Kuba nach Auffassung des Afrika-Historikers W. Rodney in Afrika eine „gerechte Sache")[76] oder selbst aktiv zur Aufrüstung der favorisierten Konfliktpartei beizutragen (z. B. umstrittene deutsche Spendenaktion „Waffen für El Salvador" zur Unterstützung der dort gegen die Regierung kämpfenden Guerillabewegung[77]). Andererseits gibt es in der Dritten Welt auch Stimmen, die trotz der dort vorherrschenden strukturellen Gewalt personale Gegengewalt aus verschiedenen Gründen strikt ablehnen. Der brasilianische Erzbischof Helder Camara beispielsweise sieht die Gefahr, daß im Zuge eines gewaltsamen Aufstandes die Abhängigkeit von ausländischen Waffenlieferanten immer größer und damit die Eigenständigkeit des angestrebten Emanzipationsprozesses bedroht wird (2.10). Der argentinische Friedensnobelpreisträger Pérez Esquivel wiederum argumentiert als radikaler Pazifist, der den Frieden nicht mit den Waffen herstellen, sondern nach dem Vorbild Mahatma Gandhis ungerechte Situationen im Geiste der Gewaltlosigkeit verändern will.[78]

4. Dritte Welt und Internationale Sicherheit

4.1 Kriege in der Dritten Welt als internationales Sicherheitsproblem

Seit einigen Jahren wird das kriegerische Geschehen in der Dritten Welt (besonders seit dem sowjetischen Eingreifen in Angola und Äthiopien sowie der sog. „Doppelkrise" um Iran/Afghanistan) von westlichen Politikern und Sicherheitsexperten mit erhöhter Aufmerksamkeit beobachtet und als gewichtiger *Teilaspekt der internationalen Sicherheitsproblematik* thematisiert. Das „Internationale Institut für Strategische Studien" in London beispielsweise widmete seine 22. Jahrestagung im September 1980 sogar erstmalig dem Thema „Dritt-Welt-Konflikte und Internationale Sicherheit"[79]. Zunehmend gingen nun *neuartige Bedrohungsvorstellungen* und Definitionen in die westlichen Sicherheitserwägungen ein und verliehen dem Begriff der „internationalen Sicherheit" *neue Bedeutungsinhalte.* Neben der klassischen politisch-militärischen Komponente von Sicherheit wurde nun auch eine *ökonomische Komponente* (freier Zugang zu wichtigen Rohstoffen und Energien) einbezogen und der Geltungsbereich von Sicherheit auch *regional ausgeweitet* (Einbeziehung der Dritten Welt im allgemeinen und bestimmter Dritte-Welt-Regionen im besonderen) und damit eine Abkehr von der bisherigen exklusiven Definition westlicher Sicherheit im Ost-West-Verhältnis vollzogen. Der amerikanische Politikwissenschaftler S. Hoffman definierte „die weltweite Unsicherheit als Summe aller Faktoren ..., die ernsthafte Konfrontationen zwischen den bedeutenden Mächten schaffen können" (worunter er jene Mächte versteht, deren Potential und Politik die Geschicke einer großen Zahl kleinerer Mächte bestimmen können, V. M.). „Diese Faktoren fördern das Umsichgreifen unkontrollierbarer Gewalt, machen das internationale Wirtschaftsgefüge unprognostizierbar und verschlechtern es in einem Maße, daß die wirtschaftliche Lebensfähigkeit vieler Länder in Frage gestellt wird"[80].

Unter dem *Gesichtspunkt der sicherheitspolitischen Betroffenheit des Westens* kommt nun nicht nur *bestimmten Schlüsselregionen in der Dritten Welt* (z. B. der ölträchtigen Golfregion) eine besondere Bedeutung zu, sondern auch *bestimmten Typen von Dritt-Welt-Konflikten.*

Dem Direktor des Londoner Instituts für Strategische Studien, C. Bertram, zufolge „ist nicht jeder Bürgerkrieg, jedes Geplänkel irgendwo in der Dritten Welt für die Sicherheitspolitik der Staaten in Ost und West von Belang. Manche derartigen Konflikte - ob zwischen Vietnam und Kambodscha, zwischen Argentinien und Chile, zwischen Indien und Pakistan – berühren unsere Sicherheit nur sehr mittelbar. So brutal es klingen mag: Die Tatsache, daß irgendwo geschossen wird und Menschen sterben, gefährdet nicht schon deshalb auch unsere Sicherheit; die Teilbarkeit von Sicherheit ist geradezu ein Wesenselement der fragmentierten Welt der achtziger Jahre.

Bei drei Arten von Konflikten in der Dritten Welt ist das anders: wenn ein lokaler Konflikt droht, zu einem direkten militärischen Zusammenstoß zwischen Ost und West zu führen; wenn Krieg und Unruhen in bestimmten Gebieten der Dritten Welt den Rohstoffbedarf unserer Volkswirtschaften in Frage stellen könnten; und wenn schließlich aus dem Verhalten eines Staates in fernen Konflikten negative Schlüsse auf seine Verläßlichkeit als Bündnispartner in der uns direkt berührenden Sicherheitssituation in Europa zu ziehen wären."[81]

Bezüglich der *Strategien und Instrumente,* mit denen man dem Konfliktgeschehen in der Dritten Welt und den damit verbundenen neuen sicherheitspolitischen Herausforderungen begegnen will, scheint unter Politikern und Wissenschaftlern im Westen jedoch noch viel Unsicherheit zu bestehen. Während die einen an die Kontrollierbarkeit des Geschehens in der Dritten Welt durch *militärische Gewalt- und Machtmittel* glauben und sich dementsprechend für eine *Interventionspolitik des Westens* gegenüber den Entwicklungsländern aussprechen, bezweifeln andere die Brauchbarkeit konventioneller, allenfalls für den Ost-West-Konflikt tauglichen Konzepte und Strategien wie „Abschreckung" und „Gleichgewicht" für die Dritte Welt. Abschreckung, zumal auf atomarer Grundlage, würde im Bereich der Entwicklungsländer rasch unglaubwürdig wirken; regionale Gleichgewichte wären bei den sich häufig überschneidenden Konflikten und der mangelnden Blockdisziplin sowie fehlender interner Stabilität von Entwicklungsländern kaum herzustellen oder zu erhalten. Auch dem Einsatz von direkter militärischer Gewalt als Mittel der Politik (Interventionen) seien in der Dritten Welt enge Grenzen gesetzt, u. a. wegen außerordentlich hoher politischer Kosten (Imperialismus- und Kolonialismus-Vorwurf), logistischer Schwierigkeiten und nicht zuletzt auch militärischer Probleme (Guerilla, Sabotage etc.).[82]

Manche Wissenschaftler wiesen auch grundsätzlicher auf die *Antiquiertheit und Ineffektivität klassischer staatlicher Machtpolitik* in einer durch wachsende Komplexität und Interdependenz gekennzeichneten Welt hin[83] und forderten Einsicht in die „Notwendigkeit der *Sicherheitspartnerschaft* im Zeitalter globaler Überlebensbedrohungen."[84] W. Kralewski und V. Rittberger zufolge ließe sich dieser Grundsatz so formulieren:

„Sicherheit ist immer auch die Sicherheit des *von mir* potentiell Bedrohten. Das will besagen, daß in internationalen Beziehungen, die durch tiefgreifende Konflikte geprägt sind und in denen gewaltfreie Konfliktregelung nicht als selbstverständlich vorausgesetzt werden kann, die militärische Instrumentierung nationaler und/oder bündnisgestützter Interessenpolitik sich

Selbstbeschränkungen auferlegen muß, will sie nicht – auch gegen ihre bekundeten Absichten – konfliktverschärfend und u. U. kriegsprovozierend wirken."[85]

Verschiedene Sicherheitsexperten sehen daher – trotz aller Schwierigkeiten – einen wesentlichen Beitrag zur Friedenssicherung in der Dritten Welt in einer wie auch immer gearteten Übereinkunft der beiden Supermächte im Hinblick auf die Vorgänge in Asien, Afrika und Lateinamerika. C. Bertram z. B. hielte es schon für eine große Errungenschaft, wenn es zu einem „*Verhaltenskodex*" der USA und der UdSSR bezüglich der Dritten Welt käme (z. B. Reduzierung der Rüstungsexporte, Anerkennung der Blockfreiheit, der Souveränität von Entwicklungsländern).[86] Andere, z. B. Baudissin, hoffen gar auf die sicherheitspolitische Erkenntnis gemeinsamer „*Nord-Identitäten*" zwischen Ost und West angesichts des anwachsenden Konfliktpotentials im „Süden": es gelte, die Konflikte im Süden nicht auf die Ost-West-Achse zu übertragen, sondern im Rahmen einer gemeinsamen Konfliktregelungsstrategie des Nordens zu isolieren und zu begrenzen.[87] In Anbetracht der internationalen Situation zu Anfang der 80er Jahre scheinen derartige Hoffnungen allerdings etwas verfrüht; trotz gewisser Ansätze kooperativen Verhaltens in Konfliktsituationen in der Drittel Welt können die Supermächte nicht als Partner einer gemeinsamen Konflikt-Management-Aufgabe angesehen werden, sondern eher als Rivalen in einem globalen Machtkampf. Das oftmals mit hohen Erwartungen verbundene internationale „*Krisenmanagement*" erwies sich bislang in der Regel als ein meist bescheidener, wenig erfolgreicher Versuch zur Schadensbegrenzung eines bereits ausgebrochenen Konflikts.[88] Schon in den frühen 70er Jahren äußerte sich der amerikanische Politikwissenschaftler K. W. Deutsch eher pessimistisch, wenn er sagte, daß es kaum mehr möglich sei, das Kriegsgeschehen in der Dritten Welt von den Industrieländern her zu verhüten oder wenigstens zu kontrollieren. Ihm blieb nur noch die traurige Hoffnung, daß „diese Kriege im Verhältnis zu den direkt betroffenen Menschenmassen zwar verheerend, zur Gesamtgröße der Menschheit aber klein bleiben werden." Zum Zwecke, die Industrieländer mit ihren atomaren Massenzerstörungsmitteln aus dem Kriegssystem in der Dritten Welt herauszuhalten, schlug er eine „teilweise Entkoppelung der Beziehungen der hochentwickelten Länder von den unterentwickelten" sowie einen Abbau strategischer „Engpässe" (z. B. Abhängigkeit vom Erdöl) vor.[89]

Im Gegensatz zu diesen eurozentrischen Erwägungen zur internationalen Sicherheit nehmen sich die Dinge *aus der Sicht der Entwicklungsländer* gänzlich anders aus. Die Frage nach ihrer Sicherheit beinhaltet für die Herrschaftsgruppen und Gesellschaften der Dritten Welt völlig *andersartige Bedrohungsvorstellungen* als in den westlichen Industriegesellschaften. Viele von ihnen setzen die Prioritäten ihrer Sicherheitspolitik nicht so sehr entlang der Ost-West-Achse, sondern eher entlang der *Nord-Süd-Achse* oder der *Süd-Süd-Achse.* Oftmals geht es ihnen auch gar nicht so sehr um die „internationale Sicherheit", sondern vielmehr um die „*innere Sicherheit*", ganz zu schweigen von den *elementaren Sicherheitsinteressen der Bevölkerungsmassen* (Befriedigung von Grundbedürfnissen, Sicherheit vor Willkürherrschaft und Unterdrückung). Häufig fühlen sie sich auch weniger durch die Sowjetunion bedroht als durch die ehemaligen Kolonialmächte und die USA oder durch die von diesen beherrschten internationalen Wirtschaftsorganisationen wie z. B. die Weltbank oder den Internationalen Währungsfonds. Eine von diesen Ländern und Institutionen ausgehende politisch-ökonomische Einmischungs- und Instabilisierungspolitik fürchten sie nicht selten mehr als Pressionen oder Einmischungen von seiten kommunistischer Mächte. Der Ost-West-Konflikt spielt zwar bei diesen Sicherheitsperspektiven durchaus eine gewisse Rolle, doch kommt ihm generell in der Sicht der Dritten Welt auch nicht annähernd die Bedeutung zu wie in der Sicht der Industrieländer.

4.2 Dritte-Welt-Politik als sicherheitspolitische Funktion des Ost-West-Konflikts: „Eindämmung der Sowjetunion"?

Ungeachtet der andersartigen Sicherheitslage in der Dritten Welt neigen politische Kräfte im Westen (in Europa weniger als in Amerika) seit Beginn der 80er Jahre wieder dazu, die Geschehnisse in den Entwicklungsländern vornehmlich im *Kontext des Ost-West-Konflikts* zu bewerten. Die neue amerikanische Regierung unter Präsident Reagan glaubt die Sowjets auf einem großen „geopolitischen Vormarsch" durch die Dritte Welt, den man mit allen Mitteln, auch mit militärischer Gewalt, stoppen müsse. In jedem Guerillakrieg und Befreiungskampf der Dritten Welt, in jedem links-progressiven Regime Asiens, Afrikas und Lateinamerikas werden sowjetisch gesteuerte „Terroristen" oder „Kommunisten" vermutet oder ausgemacht. Vom Vietnam-Trauma befreit, signalisieren die USA *erneute Interventionsbereitschaft* in der Dritten Welt, um befreundete Staaten vor sowjetischer Einflußnahme zu bewahren.

Im Interesse des Aufbaus einer strategischen Abwehrfront gegen angebliche sowjetische Aggressionsbestrebungen in der Dritten Welt will die neue US-Regierung künftig befreundeten Entwicklungsländern auch Waffen liefern, ohne die *Menschenrechtspolitik* der Empfängerländer allzu kritisch unter die Lupe zu nehmen, und damit die diesbezügliche Selbstbeschränkung der Carter-Regierung im Rüstungsexport aufheben (3.3). Ebenso soll sich auch die Nord-Süd- und Entwicklungspolitik der Vereinigten Staaten im Zuge eines neuen *„Bilateralismus"* den nationalen Sicherheitsinteressen Amerikas unterordnen. Die Gelder für internationale Organisationen werden gekürzt, Wirtschaftshilfe nur noch an eindeutig „pro-westliche" Staaten vergeben und im Nord-Süd-Dialog die Vorzüge des kapitalistischen Entwicklungsmodells hervorgehoben.

Einer solchen Dritte-Welt-Politik liegt offensichtlich eine *Fehleinschät-*

zung der Konflikte in Asien, Afrika und Lateinamerika sowie eine *Überschätzung sowjetischer Einflußmöglichkeiten* in diesen Regionen zugrunde. Die Ursprünge der Konflikte in Entwicklungsländern liegen nicht im Ost-West-Konflikt begründet, sondern in restkolonialen Problemen (z. B. Südliches Afrika), in ungerechten Gesellschaftsordnungen (z. B. Mittelamerika) oder in komplizierten ethnisch-sozialen Verhältnissen (z. B. Nordostafrika, Äthiopien/Eritrea, Äthiopien/Somalia). Der *angebliche „geo-politische Vormarsch"* der Sowjetunion in der Dritten Welt erweist sich bei genauerer Prüfung mehr als *Mythos* denn als Realität (3.1). Nach verschiedenen neueren Untersuchungen zur sowjetischen Dritte-Welt-Politik stellt sich diese als keineswegs so erfolgreich und bedrohlich dar wie häufig unterstellt wird.[90] Weder reicht die sowjetische Einflußnahme quantitativ und qualitativ an die des Westens heran noch läßt sich ein zielstrebiger, expansiver sowjetischer „Meisterplan" zur Eroberung der Dritten Welt nachweisen.

Auf dem Hintergrund einer solchen Analyse ist zu Recht scharfe *Kritik an der amerikanischen Dritte-Welt-Politik* im allgemeinen (3.2) und an der *amerikanischen Mittelamerika-Politik* im besonderen (3.4) geübt worden. E.-O. Czempiel wandte sich vor allem gegen den Versuch, die *Entwicklungspolitik* außen- und sicherheitspolitischen Interessen unterzuordnen:

„Die Kriegsursachen in der Dritten Welt liegen nicht im Antagonismus zwischen Liberalismus und Kommunismus begründet. Der Versuch, die Entwicklungsländer in diesen Gegensatz einzuordnen, sollte endlich als falsch beiseite gelegt werden. Der Ost-West-Konflikt ist ein typischer Konflikt der Europäischen Region und auf sie begrenzt ... Die Konfliktlinie in den Entwicklungsländern verläuft nicht zwischen Washington und Moskau, sondern zwischen Entwicklung und Unterentwicklung."[90a]

Aus dieser Beurteilung folgert, daß die *Übertragung des Ost-West-Konflikts auf die Dritte Welt* und die *Ausübung neo-imperialistisch-interventionistischer Praktiken* und militärischer Macht zur Kontrolle von Konflikten und zur Sicherung von Rohstoffen falsch sind. Bestrebungen im Westen und vor allem in den USA, die Dritte Welt nur als eine Funktion des Ost-West-Konflikts zu begreifen, gründen letztendlich auf einer *unrealistischen Doppelmoral* und müssen notwendigerweise fehllaufen und *konterproduktive Wirkungen* zeitigen, wie der Amerikaner Kiernan belegt:

„Jede Handlung der Sowjetunion zur Verteidigung ihrer Interessen – Erhöhung ihrer nuklearen Kapazität, Ausdehnung ihres Einflusses in der Dritten Welt – wird als Beweis ihres „aggressiven" Charakters und ihrer Entschlossenheit gedeutet, ihre Ziele auch um den Preis eines globalen Konfliktes zu erreichen. Umgekehrt: Wenn wir Amerikaner dasselbe tun – nukleare Aufrüstung und Versuche, die Dritte Welt für uns zu gewinnen –, dann arbeiten wir für den Frieden und weltweite Ordnung." „... Unsere Politik der Stärke hatte bei dem Bemühen, Frieden und Stabilität in der Dritten Welt zu schaffen, ebensowenig Erfolg wie bei unseren Beziehungen zur Sowjetunion. Die Demonstration unserer Macht in der Dritten Welt und die Beweise der toughness, die Konservative wie Präsident Reagan so schätzen, haben uns keineswegs Respekt eingebracht, im Gegenteil: Sie haben jene fanatische Feindschaft hervorgerufen, für die die persische Krise ein schlagendes Beispiel ist . . .

Seit dem Sieg Maos in China, 1949, antworteten wir auf die Herausforderung durch die Dritte Welt mit jener Politik der Stärke, die nach der Anschauung von Reagans Konservativen Amerika den Respekt der Dritten Welt einbringen wird: Von Tschiang Kai-schek bis zu Batista, von Somoza bis Rhee, von Diem bis zum Schah von Persien, von Lon Nol bis zu Duvalier haben wir versucht, der Dritten Welt unsere wirtschaftliche und militärische Macht aufzuzwingen, indem wir „proamerikanische" Regime schufen... Als diese proamerikanischen Regime immer wieder genau jene revolutionäre Gewalt und jenen Antiamerikanismus provozierten, den sie eigentlich verhindern sollen, dachten wir uns einfach ein passendes Märchen aus, um diese Situation zu erklären. Es war eben, so hieß es dann immer wieder, eine kommunistische Verschwörung, die den Sturz eines Despoten verursachte"[91].

4.3 Neo-imperiale Macht- und Interventionspolitik in der Dritten Welt: Rückkehr zur „Kanonenboot-Diplomatie"?

Als ein Paradebeispiel für die in weiten Kreisen des Westens gängige Forderung nach einer neo-imperialen Machtpolitik gegenüber der Dritten Welt können die Überlegungen und politischen Empfehlungen gelten, die in der von den Direktoren vier regierungsnaher Forschungsinstitute in den USA, in Großbritannien, in Frankreich und in der Bundesrepublik im Jahre 1981 vorgelegten Studie über *„Die Sicherheit des Westens: Neue Dimensionen und Aufgaben"* enthalten sind.[92] Nach Auffassung dieser Studie sieht sich der Westen einer zunehmend labilen und unbeständigen Dritten Welt gegenüber, von der er hinsichtlich seines wirtschaftlichen Überlebens jedoch immer stärker abhängt. Dies gelte ganz besonders für die ölträchtige Golf-Region. *Vier Bedrohungsfälle* könnten in dieser Region die Sicherheit des Westens gefährden: 1. die sowjetische Militärmacht, 2. nationale und ethnische Rivalitäten, 3. Revolutionen oder innere Unruhen und 3. ein neuer arabisch-israelischer Krieg (3.5). Um diesen Bedrohungen begegnen zu können, spricht sich die Direktoren-Studie für die *Aufstellung einer westlichen schnellen Eingreiftruppe* aus, an der neben den USA auch Westeuropa im Rahmen der NATO arbeitsteilig mitwirken sollte.

Da die Studie *Ausdruck einer weit verbreiteten Denkungsart* ist und ferner den *Grad der militärischen Risikobereitschaft westlicher Politik* gegenüber der Sowjetunion und der Dritten Welt deutlich macht, muß sie in aller Schärfe kritisiert werden.

W. Kralewski und V. Rittberger zufolge läßt sich die grundsätzliche Denkhaltung der Direktoren dahingehend umschreiben, „daß sie zum einen alle wesentlichen von außen kommenden Gefährdungen der westlichen Industriegesellschaften direkt oder indirekt der Politik der Sowjetunion kausal zuschreiben; daß sie eine aller Erfahrung spottende Fixierung auf militärische Mittel zur Bearbeitung von gesellschaftlichen und politischen Problemen im innerstaatlichen wie im zwischenstaatlichen Bereich an den Tag legen; und daß ihnen die Möglichkeit gar nicht erst ins Blickfeld gerät, die vor allem mit militärischen Mitteln zu betreibende Stärkung der Sicherheit des Westens im Osten wie in der Dritten Welt könnte als bedrohlich und sicherheitsgefährdend aufgefaßt werden...

Die schablonenhafte Wahrnehmungs- und Urteilsfähigkeit der Verfasser wird in ihren Ausführungen über die Länder der Dritten Welt und das Nord-Süd-Verhältnis auf die Spitze getrieben. Es ist zutiefst beunruhigend, wie selbstverständlich die Direktorenstudie bei allen Wirren in der Dritten Welt die Sowjetunion (und ihre Verbündeten) am Werke sieht und dem Westen die Rolle der Ordnungspolizei zuweist, ohne auch nur ernsthaft die Frage nach dem möglichen Versagen des Westens gegenüber den legitimen Befreiungs- und Entwicklungsansprüchen in der Dritten Welt aufzuwerfen"[93]. „Die Überzeichnung und Fehleinschätzungen der Bedrohung des Westens aufgrund von Entwicklungen in der Dritten Welt bilden den Ausgangspunkt der Kritik von J. Betz an der Direktorenstudie (3.6). Betz zeigt beim Durchspielen der vier von der Direktorenstudie hervorgehobenen Bedrohungsfälle, wie unstimmig die Gefahrenanalyse und wie ungeeignet oder sogar abwegig die Handlungsvorschläge der Direktorenstudie sind. Nach Betz' Ansicht würde die Verwirklichung dieser Vorschläge, vor allem das Abstellen auf die militärische Interventionsfähigkeit in der Golfregion, die Lage des Westens nur verschlimmern. In der Betonung dieses Aspekts sieht Betz eine Art von Ersatzhandlung für das Fehlen eines konstruktiven Konfliktregelungskonzepts für den israelisch-arabischen Konflikt, für die Auflösung der Entwicklungszusammenarbeit in militärische Stabilisierungshilfe einerseits und Katastrophenhilfe andererseits sowie schließlich für die Unfähigkeit, eine langfristig angelegte Energiepolitik zu entwerfen und zu verfolgen, die sowohl die Abhängigkeit vom Öl als auch die Nutzung der Kernenergie auf ein Mindestmaß zu beschränken trachtet. Gerade die Betzsche Darstellung macht deutlich, in welch' starkem Maße die Sowjetunion eine Sündenbockfunktion zur Verschleierung selbstgebahnter politischer Sackgassen des Westens erfüllt"[94].

E.-O. Czempiel zufolge läßt es die Studie vor allem auch an *Einsicht in die wahren Probleme der Dritten Welt* fehlen; oberflächlich verweist sie auf die „Instabilität" der Entwicklungsländer, ohne deren tiefere Ursachen zu ergründen. Bei genauerem Hinschauen muß man jedoch erkennen, „daß in Lateinamerika wie in Afrika koloniale Relikte und soziale Probleme den sowjetischen Einflußgewinn bewirken und erleichtern". Deutlich wird auch, „daß im Nahen Osten der arabisch-israelische Konflikt das Hauptproblem bildet, gefolgt von den durch die rasche Modernisierung bewirkten sozialstrukturellen Erschütterungen der arabischen Staaten. Erst danach kommt die Sowjetunion ins Bild, die mit ihrer Invasion in Afghanistan die strategische Lage am Golf und am Indischen Ozean zweifellos verändert hat. Das muß berücksichtigt, darüber darf aber nicht vernachlässigt werden, daß der sowjetische Einfluß in der Welt hauptsächlich politisch und wirtschaftlich vermittelt worden ist, nicht militärisch. Wer ihn eindämmen will, wird sich dementsprechend verhalten, die Dritte Welt politisch und wirtschaftlich gewinnen müssen"[95].

In diesem Sinne ist der Handlungsspielraum der UdSSR in der Dritten Welt „eher eine Funktion innergesellschaftlicher Widersprüche in der Peripherie des kapitalistischen Weltmarktes. Dies ist allerdings von der US-Regierung nicht erkannt worden, weshalb auf vermeintliche Gefährdung nationaler Interessen mit dem Ausbau der Interventionskapazitäten reagiert wird. Die Reaktion auf sowjetischer Seite wird nicht ausbleiben, da der Ausbau der Interventionskapazitäten zugleich als Bedrohung des strategischen Gleichgewichts wahrgenommen wird"[96]. So trägt die Direktoren-Studie mit ihren unverhohlenen neo-imperialen, interventionistischen Politikempfehlungen zur Sicherung der Ölversorgung aus der Golfregion zu einer gefährlichen *Militarisierung der Außen- und internationalen Rohstoffpolitik* bei[97] und ist letztendlich, wie andere Studien ähnlicher Denkweise auch, Ausdruck „eines veralteten Weltbildes, in dem Staaten um die Macht kämpfen, Kanonenboote nicht nur etwas verhindern, sondern auch etwas ausrichten können"[98].

4.4 Sicherheitspolitische Möglichkeiten und alternative Militärpolitiken in der Dritten Welt: wie können sich die Entwicklungsländer vor fremder Einmischung schützen und ihre Blockfreiheit und Eigenständigkeit bewahren?

Welche Möglichkeiten stehen nun den Entwicklungsländern je einzeln oder gemeinsam zur Verfügung, um sich gegen unerwünschte Einmischungen in ihre inneren Angelegenheiten zu schützen? Nach Stremlau gibt es *fünf sicherheitspolitische Optionen:* 1. eigenständige, individuelle Verteidigungspolitiken auf der Basis von self-reliance, 2. bilaterale Verteidigungspakte unter Entwicklungsländern oder mit Industrieländern, 3. andere Sicherheitsarrangements mit raumfremden Mächten, 4. multilaterale Militärallianzen mit raumfremden Mächten und 5. *regionale kollektive Sicherheitssysteme* in der Dritten Welt.[99] Aus der Sicht und Interessenlage der Entwicklungsländer nimmt die fünfte Möglichkeit den ersten Rang ein, da sie relativ einfach wahrzunehmen ist, Abhängigkeit von externen Mächten verringert, Schutz vor raumfremden Interventionen zu bieten scheint, Blockfreiheit ermöglicht und nationale Unabhängigkeit fördert.[100]

Wie ist nun die bisherige *Leistungsbilanz solcher regionalen, kollektiven Sicherheitssysteme* in Afrika (OAU), Asien (Arabische Liga, ASEAN) und Lateinamerika (OAS) einzuschätzen? Insgesamt erwies sich ihre Fähigkeit, Sicherheit zu ermöglichen, als relativ begrenzt, doch waren offenbar die Sicherheitssysteme in Lateinamerika und Afrika vergleichsweise erfolgreicher als in Asien. *Asien ist die in vieler Hinsicht heterogenste Region* der Dritten Welt; dort verfolgen die UdSSR und die VR China unvereinbare Interessen und die Region ist zudem durch das Auftreten verschiedener konkurrierender regionaler Vormächte und Organisationen mit recht unterschiedlichen Interessen und Zielsetzungen (u. a. Vietnam, Indien, Pakistan, Indonesien, ASEAN, Arabische Liga) gekennzeichnet.

In *Lateinamerika* wird sich der bisher bestehende ideologische (antikommunistische) Konsens des kollektiven Sicherheitssystems künftig auflockern, und die Bedeutungsminderung der Hegemonialrolle der USA (Brasilien und Argentinien u. a. als neue regionale Vormächte) sowie das zunehmende innere und äußere Konfliktpotential in der Region (revolutionäre Gewalt von Befreiungsbewegungen und Territorial- sowie Ressourcenkonflikte zwischen Staaten) werden vermutlich zur Instabilisierung des Sicherheitssystems beitragen.

Afrika stellt ein scheinbar zerbrechliches Staatensystem mit besonderen Problemen wie Grenzkonflikten und Sezessionsbestrebungen dar. Der afrikanische Kontinent scheint auch am stärksten von externer Intervention bedroht, da die Region erst im Ansatz (z. B. Nigeria) regionale Vormächte und damit noch ein Machtvakuum aufweist. Die Stärke der OAU lag bisher nicht so sehr in effektiver Konfliktregulierung (3.8), sondern eher in der Setzung von normativen Hemmnissen für den gewaltsamen Konfliktaustrag in Afrika und für unerwünschte raumfremde Interventionen.

Etliche Staaten der Dritten Welt schlossen sicherheitspolitisch bedeutsame *bilaterale Verteidigungspakte bzw. militärische Kooperationsabkommen* mit Industrieländern (3.7) ab und/oder suchten in der *Bewegung der Blockfreien* Schutz. Wenngleich Blockfreiheit durchaus auch sicherheitspolitische Elemente mit einschloß, so strebten die Blockfreien doch niemals die Bildung einer kollektiven Sicherheitsgemeinschaft im Sinne einer militärischen Allianz an.[101] Aber mit ihrer ständigen Weigerung, sich den militärischen Machtblöcken in Ost und West anzuschließen und mit ihrem Kampf gegen Kolonialismus, Neo-Kolonialismus, Imperialismus, Rassismus und alle anderen Formen von Fremdherrschaft und Fremdbestimmung stellten sie zumindest politisch die klassische Macht- und Allianzpolitik der Staatenwelt in Frage und wiesen darauf hin,

„daß die Zukunft der Welt nicht in gegenseitiger Überbietung der Blöcke, in Teilung oder Konfrontation liegt, in der Aufdrängung fremder Modelle und Gesellschaftssysteme, sondern in der gleichberechtigten Zusammenarbeit und im ständigen Widerstand gegen alle Arten von Abhängigkeit“[102].

Allerdings bezeichnen die Kriterien der Blockfreiheit nur die „kritische Schwelle“, bis zu der ein blockfreies Land Beziehungen zu einer Super- und Blockmacht eingehen darf. Außer militärischen Bindungen formeller und dauerhafter Art im Kontext der Ost-West-Rivalität (z. B. Mitgliedschaft in Allianzen wie NATO oder Warschauer Pakt, Einräumung von Militärbasen) sind alle sonstigen Beziehungen eines blockfreien Landes zu einer Super- und Blockmacht erlaubt. So gab es infolge besonderer historischer, gesellschaftlicher und politischer Bedingungen immer einige Blockfreie, die in ihren bilateralen Beziehungen mehr zum Westen (z. B. frankophone Staaten Afrikas, Saudi-Arabien) und andere, die mehr zum Osten (z. B. Kuba) hin tendierten, ein im Rahmen der Blockfreiheit völlig normaler und legitimer Vorgang. Doch angesichts der Tatsache, daß die meisten blockfreien Länder materiell mehr oder weniger abhängig in das internationale System eingebunden, andererseits jedoch bemüht sind, sich zumindest teilweise und schrittweise politisch, militärisch und wirtschaftlich aus diesem System zu lösen, besteht das historische Dilemma der Blockfreien darin, daß sie gerade auf die Hilfe und Unterstützung jener Staaten angewiesen sind, die ihre Unabhängigkeit und Eigenständigkeit am stärksten bedrohen.

In Anbetracht einer durch die Vorherrschaft der Super- und Blockmächte gekennzeichneten internationalen Situation die Lösung zahlreicher Sicherheitsprobleme von den Blockfreien erwarten zu wollen, wäre weit überzogen. So ist durchaus dem indischen Außenminister Rao zuzustimmen, wenn er die *Möglichkeiten und Grenzen der Bewegung der Blockfreien* eher nüchtern umreißt:

„Die Bewegung gibt nicht vor, jedes Problem, dem sich die Welt gegenübersieht, gelöst zu haben oder lösen zu können. Genauso wenig wie die Blockmächte solche Ansprüche erheben können. Es ist eine ziemliche Ironie, daß diese Frage nur den blockfreien Ländern gestellt wird, indes doch alle Bedrohungen des Friedens und Verstöße gegen wirtschaftliche Gerechtigkeit und Fair play ganz unverhohlen von den Blockmächten ausgehen. Die Bewegung der Blockfreien kann nur einen Rahmen für den Frieden aufstellen und Grundsätze entwerfen, auf deren Grundlage die Bemühungen um die Einstellung von Feindseligkeiten und die Minderung von Spannungen erfolgreich sein könnten“[103].

Die in den letzten Jahren vermehrten kriegerischen Konflikte zwischen blockfreien Ländern haben jedoch schwierige Probleme für die Bewegung der Blockfreien aufgeworfen: sie gefährdeten deren Einheit, boten den Super- und Blockmächten willkommene Ansatzpunkte für Einmischungen und Interventionen (entweder direkt oder indirekt über „Stellvertreter“) und stellten die Glaubwürdigkeit der Bewegung in Frage, die ja auf friedliche Koexistenz und Streitbeilegung in den internationalen Beziehungen festgelegt ist. Die seit 1978 von verschiedenen blockfreien Ländern (u. a. von Jugoslawien und Sri Lanka) vorgelegten Konzepte zur friedlichen Regelung zwischenstaatlicher Konflikte (z. B. durch „Gute Dienste“ oder Vermittlung blockfreier Staaten) fanden bislang noch keine Verankerung in den Beschlüssen der Bewegung.

Die schwierigste und zugleich wohl attraktivste Sicherheitspolitik ist die Gewährleistung einer *eigenständigen, nationalen Selbstverteidigung.* Eine solche Sicherheitspolitik erfordert jedoch eine radikale Abkehr von dem bisherigen eher konventionellen Verteidigungskonzept der meisten Entwicklungsländer hin zu *alternativen Verteidigungskonzepten.* Im Unterschied zu konventionellen, technisierten und vom internationalen Rüstungstransfersystem abhängigen und in die internationale Militärordnung eingebundenen Berufsarmeen ginge es bei dem Alternativkonzept um den Aufbau einer vergleichsweise *unabhängigen und eigenständigen Volksarmee*, die in starkem Maße den Guerilla- und Milizverbänden revolutionärer Befreiungsbewegungen nachempfunden ist.[104] H. Wulf zufolge würde eine solche Armee eine *Reihe von Merkmalen* aufweisen, die sie positiv von dem konventionellen Modell abhöbe (3.9): Es könnte auf den Import von hochtechnisierten Waffen verzichtet und die Unterlegenheit an Technologie durch die Mobilisierung der gesamten Bevölkerung sowie durch die Dezentralisierung und Beweglichkeit der Kampfverbände wieder ausgeglichen werden; infolge der nur leichten Bewaffnung einer solchen Armee (keine Panzer, keine Flugzeuge und Schiffe) würden auch Logistikprobleme stark verringert und die Schaffung einer militärischen Infrastruktur entfallen; schließlich sei das Alternativkonzept rein defensiv ausgerichtet und damit geeignet, Nachbarländern die Furcht vor einem Angriffskrieg zu nehmen. Allerdings gibt es bislang in der Dritten Welt kaum ein Land, das ein solches Modell verwirklicht hätte; allenfalls wären Elemente eines alternativen Verteidigungskonzeptes u. a. in der VR China, in Kuba und in Nicaragua zu erkennen.

Die *Schwierigkeiten des alternativen Verteidigungskonzeptes* in der Dritten Welt liegen einerseits darin begründet, daß es die bisherige Monopolstellung des Berufsmilitärs gefährdet, und andererseits darin, daß es potentiell auch die Macht der derzeit Herrschenden erschüttern könnte. Die mit der Schaffung eines Volksheeres einhergehende Durchbrechung des staatlichen Gewaltmonopols, die Demokratisierung und Dezentralisierung der bewaffneten Macht ließe sich ja auch gegen die Privilegien der Staatsklassen selbst wenden. Dies ist umso wahrscheinlicher, je größer die soziale und ethnische Heterogenität und je geringer der gesamtgesellschaftliche Konsens einer Gesellschaft ist. Die Tatsache, daß die Mehrzahl aller Kriege in der Dritten Welt bislang innerstaatliche bzw. Bürgerkriege waren, verdeutlicht dieses Problem. Eine zentrale Erfolgsbedingung für das alternative Verteidigungskonzept in der Dritten Welt wäre also entweder eine weitgehend homogene Gesellschaft oder die Existenz eines revolutionären Regimes, das Massenmobilisierung betreibt und zentrale soziale Kontrolle ausübt.

4.5 Die beste internationale Sicherheitspolitik: Abrüstung und Entwicklung

Im Rahmen der *Vereinten Nationen* (3.10) und von seiten der *Bewegung der Blockfreien* (3.11) sind seit Jahren immer wieder Versuche unternommen worden, einen Prozeß allgemeiner *Abrüstung* in Gang zu bringen

Welt einzusetzen. Dabei wurde unterstellt, daß Entwicklung im Sinne einer gerechteren Umverteilung der Güter auf der Welt die Sicherheit aller erhöht und weitere Abrüstung ermöglicht. Der Zusammenhang von Rüstung und Unterentwicklung sollte in sein Gegenteil, in *Abrüstung und Entwicklung,* verkehrt werden.[105] Die moralische und politische Forderung der Entwicklungsländer nach Abrüstung richtete sich dabei vorrangig an die Industrieländer und insbesondere an die Supermächte, in deren Rüstungsprozessen nach Qualität wie Quantität der Hauptgrund für die weltweite Aufrüstung gesehen wird.

Doch blieb die *blockfreie Abrüstungsdiplomatie* zwischen 1961 und 1978 relativ erfolglos. Allerdings kann das Zustandekommen der seit 1975 von den Blockfreien betriebenen UN-Sondervollversammlung zu Abrüstungsfragen im Jahre 1978 als ein Erfolg der Bewegung verbucht werden. Zwar wurden inhaltliche Erwartungen nicht erfüllt, doch fand die Abrüstungsphilosophie der Blockfreien (u. a. Grundsatz allgemeiner und vollständiger Abrüstung, Kopplung von Abrüstung und Ressourcenfreisetzung für Entwicklungszwecke) Eingang in die Abschlußdokumente. Doch wenn auch in der Sicht der Blockfreien die Nuklearmächte zu Recht eine vorrangige und besondere Verantwortung für die Abrüstung tragen und die Struktur des internationlen Systems die blockfreien Länder zu eigenen Rüstungsmaßnahmen zur Sicherung ihrer nationalen Unabhängigkeit zwingt, so müssen die Blockfreien R. Jütte zufolge angesichts zunehmender Aufrüstung und kriegerischer Konflikte in der Dritten Welt dennoch „darum bemüht sein, . . . Militarisierungsprozesse als Teil ihrer gesellschaftlichen Entwicklung zu überprüfen, um eine – umfassende – Abrüstungsprogrammatik glaubhaft vertreten zu können“[106].

Abrüstung ist also unteilbar; sie hat weltweit vor sich zu gehen, wobei allerdings Abrüstungsmaßnahmen im Ost-West-Verhältnis entscheidenden Vorbildcharakter hätten. *Erwartbare Wirkungen von Abrüstungsmaßnahmen in der Dritten Welt* könnten u. a. sein: der Abbau von Machtabsicherungszwängen nach innen und außen, die Freisetzung von Ressourcen für entwicklungsfördernde Investitionen und die Verringerung von Abhängigkeit und Fremdbestimmung durch den Entfall von Rüstungsimporten (3.12). Die langfristischen Perspektiven von entwicklungsfördernder Abrüstung müssen jedoch einerseits im Kontext des Ost-West-Verhältnisses und andererseits unter dem Aspekt der vielfältigen Funktionen von Rüstung im internationalen System im allgemeinen und in der Dritten Welt im besonderen gesehen werden. Denn Abrüstung bedeutet im Kern eine „Verminderung der mehrfachen Funktion von Rüstung“[107]. Diese Erkenntnis verweist darauf, insbesondere Bemühungen um die Beseitigung von Konfliktursachen und um einen friedlichen, nicht-militärischen Konfliktaustrag zu verstärken.

In der bisherigen Abrüstungsdiskussion stellt sich vor allem die Frage nach der *Verbindlichkeit und Durchsetzbarkeit der vorgeschlagenen Konzepte.*[108] Bezüglich der *Finanziellen Abrüstung* (z. B. Reduzierung von Militärausgaben, Besteuerung der Militärhaushalte oder Rüstungstransfers) ergeben sich z. B. Probleme bei der Rüstungs-Konversion, d. h. der Umstellung der Rüstungsproduktion auf Zivilproduktion,[109] oder bei der Bemessung von Steuersätzen (die dem internationalen Rüstungshandel zudem noch einen Anschein von Legitimität gäben!) . Im Hinblick auf *regionale Abrüstungsmaßnahmen* wurden bislang die abrüstungshemmenden Einflußzonen-Politiken der Supermächte wie auch die kriegerischen Konflikte in der Dritten Welt noch zu wenig berücksichtigt.[110] Zwar gelang z. B. den Blockfreien im Rahmen der Vereinten Nationen die Erklärung einer atomwaffen-, interventions- und stützpunktfreien „Zone des Friedens" (Indischer Ozean), doch konnte diese realpolitisch nicht durchgesetzt werden.

Einen bescheideneren Ansatz als Abrüstungskonzepte im umfassenden Sinne stellen Bemühungen um *Rüstungskontrolle in der Dritten Welt* dar. Im Gegensatz zu dem Konzept der Abrüstung geht das Konzept der Rüstungskontrolle zunächst einmal noch vom Fortbestand der Rolle militärischer Macht in den internationalen Beziehungen aus.[111] Rüstungskontrolle in der Dritten Welt soll die weitere Ausbreitung von Atomwaffen verhindern und konventionelle Rüstungstransfers einschränken und auf diese Weise zur militärischen Stabilisierung bestimmter Regionen, zur Schadensbegrenzung bereits ausgebrochener Konflikte, aber auch zu ökonomischen Einsparungen für Entwicklungszwecke, und letztendlich zur Friedenssicherung beitragen. In der Sicht der Entwicklungsländer, die stark von Waffenimporten aus Industrieländern abhängig sind, hat das Konzept der Rüstungskontrolle allerdings einen „neo-kolonialistischen" Anstrich: sie sehen darin eine Bevormundung durch die Industrieländer, die ihnen im Interesse der Aufrechterhaltung ihrer Vorherrschaft einen nur zweitrangigen Status im internationalen Sicherheitssystem zuweisen wollen.

Die bisher weitreichendsten Bemühungen um Rüstungskontrolle im Bereich der Dritten Welt stellten die sog. *„CAT-Gespräche" (Conventional Arms Transfer Talks)* zwischen den USA und der UdSSR in der zweiten Hälfte der 70er Jahre dar.[112] Diesen Gesprächen lag offensichtlich das gemeinsame Interesse beider Supermächte zugrunde, ihre weltpolitische Steuerungsfähigkeit zu erhalten und zu verhindern, daß infolge einer unkontrollierten Ausbreitung militärischer Spitzentechnologien „ihre monopolistische Verfügung über die jeweils modernsten Waffensysteme abhanden kommt und . . . auf diese Weise eine der wichtigsten Grundlagen für den Weltmacht-Status beider Länder gefährdet wird"[113]. Ferner suchten sie auch das potentielle Risiko einer direkten amerikanisch-sowjetischen Konfrontation in der Dritten Welt zu verringern.

In den Verhandlungen ging es vor allem um den Ausschluß von bestimmten Waffensystemen und bestimmten Dritte-Welt-Regionen aus den Rüstungstransfers. Der Transfer von Rüstungsproduktionsanlagen und -lizenzen war nicht Verhandlungsgegenstand. Konkrete Ergebnisse brachten die Gespräche nicht; sie scheiterten u. a. an der Nichteinigung über „Ausnahmeregelungen" (für die jeweiligen „Einflußzonen" der Supermächte in der Dritten Welt).

Angesichts der unwahrscheinlichen Zurückhaltung der Entwicklungsländer beim Waffenimport (also keine Nachfragedämpfung), der starken Kommerzialisierung des Rüstungstransfers (wachsender Angebotsdruck) und der unvermindert scharfen Konkurrenz im internationalen Waffenhandel (zwischen den westlichen und östlichen Industrieländern einerseits und zwischen den westlichen Industrieländern andererseits) ist daher vom Konzept der Rüstungskontrolle eine nachhaltige Verringerung der Rüstungsexporte in die Dritte Welt kaum zu erwarten. Gewisse Fortschritte scheinen allenfalls einseitige (bestenfalls konzertierte, etwa im Rahmen der NATO) Lieferbeschränkungen der großen westlichen Rüstungsexportländer erbringen zu können.

5. Deutsche Rüstungsexporte in die Dritte Welt: ein Beitrag zur Sicherung des Friedens?

5.1 Neue Richtlinien für die Waffenausfuhr: Aufgabe der bisherigen Selbstbeschränkung beim Rüstungsexport?

Seit Ende 1980 hat in der Bundesrepublik eine *Grundsatzdiskussion über Rüstungsexporte* begonnen, die im Kern auf eine Neuformulierung der bisher gültigen politischen Grundsätze bei Waffenausfuhren hinausläuft. Ausgelöst wurde diese Diskussion (in der Regierung, den Parteien, in der Rüstungsindustrie, den Gewerkschaften, den Kirchen, in der Friedensforschung und Friedensbewegung, in Aktionsgruppen Dritte Welt) durch das Bekanntwerden von möglichen deutschen Waffenlieferungen an Chile (U-Boote) und an Saudi-Arabien (Panzer). Im Zusammenhang mit diesen und anderen Rüstungsgeschäften steht die Bundesrepublik Nielenbock/Gugel zufolge vor einer Grundsatzentscheidung über ihre künftige Rüstungsexportpolitik, und damit eng verbunden, auch vor einer historischen Weichenstellung bezüglich des Kurses der allgemeinen deutschen Außen- und Dritte-Welt-Politik.[114] Da nie zuvor deutsche Kampfpanzer in Länder außerhalb der NATO geliefert wurden, käme einer solchen Entscheidung deutliche *Signalfunktion* zu: die Bundesrepublik würde ihre bisherige Selbstbeschränkung im Rüstungsexport durchbrechen und tendenziell aufheben, würde sich außerhalb Europas militärpolitisch massiv engagieren und damit ihre bisherige Rolle als weltpolitischer „Zwerg“ (bei gleichzeitiger Rolle als weltwirtschaftlicher „Riese“ und militärischer „Halbstarker“) aufgeben. Selbst bei Nichtzustandekommen des Rüstungsgeschäfts mit Saudi-Arabien käme hier zumindest der Absicht nach eine *neue Denkungsart* und ein *neues Selbstverständnis bezüglich der weltpolitischen Rolle der Bundesrepublik* zum Ausdruck.

Unverkennbar ist, daß diese neue Denkungsart sich in den *Gesamtzusammenhang einer Neubestimmung westlicher Sicherheitsinteressen* in der Dritten Welt (Rohstoffsicherung, Eindämmung der Sowjetunion) einfügt, wie sie besonders nachdrücklich in der bereits diskutierten Direktoren-Studie über die Sicherheit des Westens zum Ausdruck kommt. Im Zuge einer Arbeits- und Lastenverteilung zwischen den westlichen Verbündeten soll die Bundesrepublik durch eine Ausweitung ihrer Rüstungsexportpolitik mit *militärischen Mitteln zu einer politischen Stabilisierung der Dritten Welt* beitragen.

Doch bevor im einzelnen auf die wesentlichen Argumente für und gegen eine Ausweitung der deutschen Rüstungsexporte eingegangen wird, soll im folgenden zunächst einmal die bisherige *Theorie und Praxis der deutschen Rüstungsexportpolitik* dargelegt werden.[115]

Von ihren *historischen, rechtlichen und politischen Grundlagen und Richtlinien* her war diese Politik auf *Selbstbeschränkung* hin festgelegt (4.2): das Grundgesetz verbot die Aufnahme jeglicher Handlungen, die geeignet wären, das friedliche Zusammenleben der Völker zu stören und die Führung eines Angriffskrieges vorzubereiten (Art. 26, I). Ferner sah das Grundgesetz vor, daß zur Kriegsführung bestimmte Waffen nur mit Genehmigung der Bundesregierung hergestellt, befördert und in den Verkehr gebracht werden dürfen (Art. 26, II). Durch das Kriegswaffen-Kontrollgesetz und das Außenwirtschaftsgesetz von 1961 wurde diese Grundgesetznorm dann ausgefüllt und konkretisiert. Nach einem diplomatischen Debakel in der arabischen Welt infolge der Aufdeckung geheimer deutsch-israelischer Waffengeschäfte beschloß 1965 die damalige Bundesregierung, künftig keine Waffen mehr in sog. *Spannungsgebiete* zu liefern.

Im Jahre 1971 beschloß die sozial-liberale Regierung dann zur weiteren Klärung der deutschen Rüstungsexportpolitik *Politische Grundsätze für den Export von Kriegswaffen und sonstigen Rüstungswaren* (4.1), denen zufolge der Export von Kriegswaffen in Länder außerhalb der NATO grundsätzlich unterbleiben soll, die Ausfuhr von Waffen in sog. „Spannungsgebiete" (deren Bestimmung jeweils vom Auswärtigen Amt vorgenommen wird) strikt verboten ist, wie auch die Ausfuhr an sonstige nichtkommunistische Länder, außer in besonderen Einzelfällen, in denen auf Grund außerordentlicher Erwägungen andere Entscheidungen (jeweils durch den Bundessicherheitsrat) getroffen werden. Seit der Verabschiedung dieser „Grundsätze" hat die Bundesregierung in verschiedenen offiziellen Verlautbarungen (u. a. in etlichen Verteidigungs-„Weißbüchern") die grundsätzliche Selbstbeschränkung ihrer Rüstungsexportpolitik immer wieder hervorgehoben; so stellte z. B. das Weißbuch von 1979 fest: „Der Export von Rüstungsgütern in Staaten der Dritten Welt bleibt grundsätzlich problematisch".

Die *Genehmigungspraxis bei kommerziellen Rüstungsexporten* erwies sich jedoch als zunehmend diffus (Beteiligung einer Vielzahl von Bundesministerien) und ermangelte einer kontrollierenden Beteiligung von seiten der Legislative (4.3). Das Genehmigungsverfahren wies ferner etliche *Schwachstellen* auf hinsichtlich

– der Unterscheidung zwischen „Kriegswaffe" (z. B. schwere Waffen wie Kampfpanzer, Kriegsschiffe und Kampfflugzeuge) und „sonstiger Rüstungsware" (z. B. militärische Ausrüstungen wie Lastkraftwagen und elektronisches Unterstützungsgerät sowie Kleinwaffen und Munition);
– der Bestimmung eines „Spannungsgebietes" (durch das Auswärtige Amt);
– der Kontrolle über den Endverbleib von Rüstungsgütern, die mit Komponenten aus der Bundesrepublik gefertigt wurden (z. B. Bauzeichnungen und Bauteile). Bei internationaler Rüstungs(produktions)kooperation (z. B. Bundesrepublik/Frankreich: Lenkwaffen, Alpha-Jet) war eine solche

Kontrolle kaum möglich;
– des Exports von Dienstleistungen und Lizenzen in der Rüstungsproduktion (Forschung und Entwicklung).

Derartige Schwachstellen ermöglichten im Lauf der Jahre eine von der Regierung stillschweigend hingenommene und von der Öffentlichkeit kaum wahrgenommene stetige *Ausweitung der deutschen Rüstungsexporte in die Dritte Welt.*

Neben *bündnispolitischen Erwägungen* (Druck der USA auf stärkere Beteiligung der Bundesrepublik an der Stabilisierung der Dritten Welt gegenüber der Sowjetunion) waren es vor allem auch wachsende *kommerzielle Interessen der deutschen Rüstungswirtschaft* im Zusammenhang mit dem Wiederaufbau einer Rüstungsindustrie für den Bedarf der Bundeswehr, die zu einer Ausweitung deutscher Waffenlieferungen beitrugen. Insbesondere in den siebziger Jahren erweiterte sich der *Kreis der Empfängerländer* deutscher Waffenexporte in der Dritten Welt (4.4), wobei eine *Vielzahl dieser Länder in kriegerische Konflikte verwickelt* war (4.5). Die *militärische Ausrüstungshilfe* (4.7) kam dabei ebensowenig zu kurz wie die *Verbreitung deutscher Kleinwaffen aus Lizenzfertigung* (4.8). Zwischen 1974 und 1979 soll die Bundesrepublik insgesamt Rüstungsgüter im Werte von ca. 5 Mrd. DM in die Dritte Welt exportiert haben.[116] Wurden anfänglich (in den 60er Jahren) vorwiegend gebrauchte Waffen ausgeführt, so spielten später *moderne Großwaffen* wie Panzer, Flugzeuge und Schiffe eine zunehmend größere Rolle (4.6).

Dem SIPRI-Jahrbuch von 1979 zufolge stand die Bundesregierung mittlerweile auf Platz 5 der Rangliste aller Waffenexporteure (und auf Platz 6 aller Großwaffenexporteure): „Die Bundesrepublik nimmt zunehmend den Rang eines Großwaffenexportlandes ein. Dies widerspricht der von der Regierung beteuerten restriktiven Waffenexportpolitik“.

5.2 Argumente Für und Gegen eine Ausweitung der Rüstungsexporte

Bei der Diskussion um die Zukunft der deutschen Rüstungsexportpolitik muß eine Vielzahl von Aspekten und Argumenten aus den Bereichen der Außen- und Innenpolitik, der Außenwirtschafts- und Binnenwirtschaftspolitik berücksichtigt werden (4.9). Als zentrale Argumente erweisen sich folgende außen- und sicherheitspolitische, außenwirtschaftliche sowie binnenwirtschaftliche Erwägungen (4.12):[117]

Außen- und sicherheitspolitische Argumente

PRO: Rüstungsexporte binden „Schlüsselländer“ der Dritten Welt (wie z.B. Saudi-Arabien) in die *Interessenlagen des Westens* ein und dienen der *Stabi-*

lisierung dieser Länder gegenüber inneren und äußeren Gefahren.

CONTRA: Militärische Stabilisierung schafft keine dauerhafte und verläßliche gesellschaftliche und politische Stabilität; eher führt sie zur gewaltsamen Absicherung eines sozial ungerechten politischen Status Quo und ruft gerade darum Widerstand hervor. *Echte Stabilität* muß „in erster Linie sozial und ökonomisch begründet und abgeleitet sein. In diesem Sinne bedeutet Stabilität soziale und ökonomische Entwicklung, insbesondere aber eine bei den breiten Volksmassen anerkannte Legitimität der politischen Führungen, basierend auf einer grundsätzlichen Übereinstimmung in politischen, sozialen, ökonomischen und vor allem auch sozio-kulturellen Werten. Ein westlicher Beitrag zu dieser Stabilisierung erfolgt weniger durch militärische, als vielmehr durch politische und ökonomische, d. h. im weiteren Sinne entwicklungspolitische Mittel"[118].

Da Rüstungsexport und Militärhilfe zudem Abhängigkeit vom Geberland und die Notwendigkeit von Ausbildung und Beratung im Empfängerland mit sich bringen, kann dies einer Opposition als willkommenes Argument für *politische Fremdbestimmung und kulturelle Überfremdung* dienen. Rüstungsexporte erhöhen also weder die Legitimität von Regimen noch fördern sie echte politische Stabilität. Wie das Beispiel des Iran zeigt, läßt sich auch durch massivste Rüstungsexporte keine dauerhafte Einbindung in westliche Interessenlagen erzielen.

PRO: Rüstungsexporte können *regionale Machtgleichgewichte* schaffen oder erhalten und damit zur *Sicherung des Friedens* beitragen (4.10).

CONTRA: Die friedenspolitische Funktion von Waffenlieferungen ist grundsätzlich zu bezweifeln (4.11). Ganz abgesehen von methodischen Problemen (z. B. Definition von Gleichgewichtszuständen? Bemessungskriterien von Gleichgewichten? Herstellbarkeit von Gleichgewichtszuständen?) ist die Übertragung des Gleichgewichtsbegriffs aus dem Ost-West-Zusammenhang auf Regionen der Dritten Welt problematisch, da hier *wesentliche Funktionsbedingungen nicht gegeben* sind: es fehlt die bipolare Beziehungsstruktur und die gegenseitige atomare Abschreckung, es mangelt bei den sich vielfältig überschneidenden Konfliktlinien in der Dritten Welt an Blockdisziplin und es fehlt die interne politische Stabilität. Daher ist es wahrscheinlicher, daß Rüstungstransfers *regionale Rüstungswettläufe* auslösen oder beschleunigen und dadurch zur *Erhöhung der Kriegsgefahr* beitragen. Anzustreben wäre vielmehr die Förderung friedlicher Konfliktregelungen im Rahmen regionaler, kollektiver Sicherheitssysteme und der diplomatisch-politischen Vermittlung durch dritte Parteien.

PRO: Rüstungsexporte dienen der *„Eindämmung" der Sowjetunion* in der Dritten Welt.

CONTRA: Der Einsatz militärischer Mittel im globalen Systemkonkurrenzkampf zwischen Ost und West birgt die *Gefahr einer schematischen*

Übertragung des Ost-West-Konflikts auf die Dritte Welt in sich. Dem Argument scheint ferner eine Dramatisierung der sowjetischen „Gefahr" und eine Überschätzung sowjetischer Einflußmöglichkeiten zugrundezuliegen. Abgehoben von ihren wahren Ursachen und Antrieben würden viele Geschehnisse und Konflikte in der Dritten Welt im Rahmen des Ost-West-Konflikts fehlinterpretiert und die Sowjetunion geradezu in diese Geschehnisse und Konflikte hineingezogen. Die Förderung der Blockfreiheit und Eigenständigkeit der Entwicklungsländer durch wirtschafts- und entwicklungspolitische Mittel könnte diese gegenüber der Sowjetunion widerstandsfähiger machen.

Außenwirtschaftliche Argumente

PRO: Rüstungsexporte sichern die *Rohstoffversorgung der Bundesrepublik* (Kopplungsgeschäft: Öl gegen Waffen) und tragen zur *Sanierung der deutschen Leistungsbilanz* bei.

CONTRA: Versorgungssicherheit durch Rüstungsexporte ist unsicher. *Gefahr der Abhängigkeit und Erpreßbarkeit* von seiten instabiler Regime. Gerade bei Regimewechseln könnten Rüstungslieferungen an das vorherige Regime zu Störungen im Rohstoffbezug führen (Vorwurf der Komplizenschaft). Da Rohstoffexporte offenbar regimeneutral erfolgen (also auch von nicht eindeutig pro-westlichen Ländern wie z. B. Algerien oder Libyen an westliche Länder getätigt werden), ist eine Sicherung der Rohstoffbezüge durch Waffenlieferungen gar nicht erforderlich.

Zur Sanierung der Leistungsbilanz sind Waffenexporte denkbar ungeeignet, da sie durch hohe Aufwendungen für Rüstungskäufe die Importkapazität der Entwicklungsländer für deutsche Zivilgüter verringern, deren Ausfuhr zudem mit weitaus geringeren politischen Risiken verbunden ist.

PRO: Rüstungsgeschäfte dienen der *deutschen Exportförderung* (Vorreiter für andere Güter, Öffnung der Märkte auch für Zivilgüter).

CONTRA: Auch ohne Rüstungsexporte nehmen die deutschen Ausfuhren in die Entwicklungsländer zu; längerfristig wären die Folgen von Waffenlieferungen in die Dritte Welt für die deutsche Außenwirtschaft eher negativ, da sie zu einer *„Verstopfung" ausländischer Märkte für Zivilgüter* führen (Beanspruchung der Ressourcen für zivile Entwicklungszwecke durch Rüstungsimporte).

Binnenwirtschaftliche Argumente

PRO: Rüstungsexporte erhalten oder schaffen *Arbeitsplätze.*

CONTRA: Arbeitsplätze in der Rüstungsindustrie sind infolge unsteter Nachfrage (Abhängigkeit von staatlichen Großaufträgen) ohnehin nicht sicher. Eine Bedrohung der Arbeitsplätze ergibt sich auch aus dem hohen Grad der Technisierung der Produktion (Wegrationalisierung von Arbeitsplätzen). Rüstungsexporte würden zur Erweiterung der Kapazitäten und zur ständigen Suche nach Anschlußaufträgen zur Kapazitätsauslastung führen bei anhaltend unsteter Nachfrage (u. a. politisch bedingte Lieferausfälle in der Dritten Welt). Durch Rüstungsexporte ließen sich allenfalls begrenzte, kurzfristige Erleichterungen in einigen Bereichen der Rüstungsindustrie (z. B. Beschäftigungssituation im Sonderschiffbau der Werften) erzielen. Für die Mehrheit der Arbeitsplätze in der deutschen Rüstungsindustrie (ca. 200-250 000 Beschäftigte) stellen Rüstungsexporte jedoch keine langfristige Sicherung dar. Eine solche Sicherung ist nur durch *Rüstungskonversion* zu bewerkstelligen, also durch die Umstellung der Rüstungsproduktion auf Zivilgüterproduktion: „Gerade für eine Volkswirtschaft wie die westdeutsche, die wegen eines zunächst geringen Rüstungsaufwandes in den Nachkriegsjahren eine starke Stellung auf dem Weltmarkt erlangt hat, gefährdet eine Verschiebung der Prioritäten zugunsten von Rüstungsfertigung zivile Arbeitsplätze. Rüstungsexporte in die Dritte Welt beschneiden zusätzlich die ohnehin knappen Mittel, mit denen unterentwickelte Länder zivile Einfuhren bezahlen können.

Rüstungsproduktion und Rüstungsexport, so die Schlußfolgerung aus diesem Befund, gefährden mittel- und langfristig weitaus mehr Arbeitsplätze, als kurzfristig in der Rüstungsindustrie geschaffen werden können. Allein aus wirtschaftlichen Gründen scheint eine Rüstungskonversion notwendig“[119].

5.3 Ausweitung der Rüstungsexporte im deutschen „Nationalinteresse“?

Faßt man die bisherige kontroverse Diskussion über eine Ausweitung der deutschen Rüstungsexporte zusammen, so scheint die *Gesamtbilanz der Argumente eindeutig gegen eine Ausweitung der Waffenlieferungen zu sprechen:*

- das Risiko, sich mit solchen Lieferungen in unvorhersehbare, unüberschaubare und vor allem unkontrollierbare Auseinandersetzungen zu verstricken, ist außerordentlich hoch;
- die scheinbar kurzfristigen ökonomischen (außen- und binnenwirtschaftlichen) und außenpolitischen „Gewinne“ von Rüstungsexporten wiegen deren wahrscheinliche mittel- und langfristige „Kosten“ nicht auf;
- um ihrer außen- und innenpolitischen Glaubwürdigkeit willen (langjährige Bekenntnisse zur Selbstbeschränkung im Rüstungsexport, Friedenspolitik und Abrüstung) sollte die Bundesregierung daher beim Rüstungsexport eine konsequente Selbstbeschränkungspolitik verfolgen.

Angesichts der großen *Diskrepanz zwischen Theorie (Selbstbeschränkung) und Praxis (Ausweitung)* klaffte in der deutschen Rüstungsexportpolitik eine stetig wachsende *Glaubwürdigkeitslücke:*

„Die gegenwärtige Genehmigungspraxis ist sowohl hinsichtlich friedenspolitischer Zielsetzungen als auch hinsichtlich des Kriteriums „Spannungsgebiet" extrem widersprüchlich. Sie ist daher geeignet, nicht nur friedenspolitischen Imperativen zuwider zu laufen, sondern auch eine gefährliche Erosion der politischen Glaubwürdigkeit zu bewirken"[120].

Zweifelsohne war und ist die Formel *Spannungsgebiet* fragwürdig und hat sich als Instrument einer zurückhaltenden Waffenexportpolitik in die Dritte Welt als wenig hilfreich erwiesen. Die Feststellung eines „Spannungsgebietes" kann recht unterschiedlichen Einschätzungen und Kriterien unterliegen (u. a. latente Spannungen? Offene Gewaltausbrüche? Wahrscheinlichkeit eines kriegerischen Konflikts?) und auch die Zuordnung eines Landes zu einem solchen Gebiet mag schwierig sein. Schließlich könnte man auf den Gedanken verfallen, angesichts des wachsenden sozialen Zündstoffs in der Dritten Welt diese insgesamt zum „Spannungsgebiet" zu erklären!

Doch während die Kritiker einer Ausweitung der deutschen Rüstungsexporte die Fragwürdigkeit der Formel „Spannungsgebiet" zum Anlaß nehmen, die Forderung nach einer verschärften Selbstbeschränkungspolitik zu erheben, neigen die Befürworter einer Ausweitung der deutschen Waffenausfuhr dazu, diese Formel durch die neue, jedoch kaum weniger fragwürdige Formel *Nationalinteresse* zu ersetzen. Im deutschen „Nationalinteresse" möchte sich die Bundesregierung künftig offenbar mehr Handlungsfreiheit verschaffen, um Waffenexporte als außen-, sicherheits- und wirtschaftspolitische Mittel einsetzen zu können. Waffenexporte in Nicht-NATO-Länder (bzw. der NATO gleichgestellte Länder wie z.B. Australien oder Schweden) sollen demnach in Zukunft erlaubt sein, wenn „aufgrund besonderer Erwägungen Ausnahmen allgemeiner Art festgelegt werden oder im Einzelfall vitale Interessen der Bundesrepublik Deutschland für eine ausnahmsweise Genehmigung sprechen".[122] Als „vitale Interessen" gelten nach den neuen Grundsätzen für den Waffenexport vom Mai 1982 „außen- und sicherheitspolitische Interessen der Bundesrepublik Deutschland unter Berücksichtigung der Bündnisinteressen (4.13). Dabei ist jedoch der Exekutive an einer kontrollierenden Mitwirkung der Legislative (Konsultation mit Bundestagsgremium) offenbar nicht gelegen. Eine derart historisch belastete, ideologieträchtige und politisch beliebig ausfüllbare Formel wie das „Nationalinteresse" birgt (zusammen mit den neuen Endverbleibsregelungen für deutsche Rüstungsgüter im NATO-Bereich und bei Koproduktionen) die große Gefahr einer weiteren Aushöhlung bzw. möglichen Aufhebung des bisher gültigen Selbstbeschränkungsprinzips beim deutschen Rüstungsexport in sich.

Ob eine Ausweitung der deutschen Waffenlieferungen in die Dritte Welt jedoch wirklich im „Nationalinteresse" der Bundesrepublik läge, mag mit dem Journalisten Guha zu Recht bezweifelt werden, denn

„Rüstungsexporte tragen eher dazu bei, Spannungen und sozialen Druck in der Dritten Welt zu verstärken, diktatorische Oligarchien am Ruder zu halten und längst überfällige Strukturreformen unmöglich zu machen. Auch hier gilt, daß die Sicherheit der Dritten Welt nicht durch immer mehr Waffen aufrecht erhalten werden kann, sondern nur durch die Beseitigung der Unterentwicklung und des Elends. Die Bundesrepublik kann nichts von einer krisengeschüttelten und verelendeten, aber alles von einer wirtschaftlich und sozial „gesicherten“ Dritten Welt profitieren“[122].

Nicht zuletzt eingedenk der deutschen Rolle in zwei Weltkriegen sollte es in diesem Sinne eher im Interesse der Bundesrepublik liegen, einer Militarisierung ihrer Dritte-Welt-Politik zu widerstehen, die friedliche Regelung von kriegerischen Konflikten zu befördern und ein weltpolitischer „Zwerg“ zu bleiben, dafür jedoch ein entwicklungspolitischer „Riese“ zu werden.

Anmerkungen

1 Heinrich End, Utopische Elemente in der Friedensforschung, in: Zeitschrift für Politik, H. 2, 1973, S. 119 (Anmerkung 47).
2 Georg Leber, In 35 Jahren nur 60 Tage ohne Krieg, in: Frankfurter Rundschau vom 13.11.1981.
3 So der Außenminister Singapurs, Rajaratnam, auf der Außenministerkonferenz der Blockfreien im Juli 1978 in Belgrad.
4 Willy Brandt, Aus milionenfachem Hunger wächst eine Gefahr für den Frieden, in: Frankfurter Rundschau vom 2.11.1981.
5 Zitiert nach dem Bericht der Nord-Süd-Kommission (Einleitung des Vorsitzenden Willy Brandt), Das Überleben sichern, Köln 1980, S. 19.
6 Zitiert nach einem Antrag von SPD-Abgeordneten, die Verteidigungsausgaben zugunsten der Entwicklungshilfe zu kürzen; vgl. Stuttgarter Zeitung vom 27.1.1981.
7 Gottfried und Martin Orth, Dritte Welt bezahlt unseren „Frieden“, in: epd-Entwicklungspolitik 21/81, S. 7-9.
8 Informationen zur Politischen Bildung 190: Frieden und Sicherheit 2(1981): Das Thema im Unterricht; Empfehlung der Kultusminister von Baden-Württemberg und Rheinland-Pfalz zum Thema „Friedenssicherung und Bundeswehr im Unterricht“ (abgedruckt in Frankfurter Rundschau vom 15.9.1981); Vorschlag der Kultusminister von Hessen und Nordrhein-Westfalen zur „Friedenserziehung in der Schule“ (abgedruckt in Frankfurter Rundschau vom 1.12.1981).
9 Vgl. allgemein Michael Brzoska, Rüstung und Dritte Welt. Zum Stand der Forschung, München-Köln-London 1981.
10 ebda., S. 14.
11 ebda., S. 14 ff. sowie Karsten D. Voigt, Schwach entwickelt – stark gerüstet. Im Schatten der Abrüstungsdiskussion: Die Militarisierung der Dritten Welt (Teil 1), in: Vorwärts vom 19.7.1979 (nachgedruckt in: Entwicklungspolitik. Spiegel der Presse 30/79, S. 940 ff.).
12 Ruth Leger Sivard, World Military and Social Expenditures, Washington 1981.
13 Michael Brzoska, a.a.O., S. 12 f.
14 Peter Lock/Herbert Wulf, Rüstung und Unterentwicklung, in: beilage zur wochenzeitung das parlament (aus politik und zeitgeschichte), B 18/79, 5. Mai 1979, S. 6 f.

15 Peter Lock/Herbert Wulf, Die militärische Basis der Regionalkonflikte, in: K. M. Khan/Volker Matthies (Hrsg.), Regionalkonflikte in der Dritten Welt, Köln-München-London 1981, S. 128.
16 K. D. Voigt, Schwach entwickelt . . ., a.a.O.
17 ebda.
18 Peter Lock/Herbert Wulf, Die militärische Basis . . ., a.a.O., S. 144.
19 Peter Lock/Herbert Wulf, Rüstung und Unterentwicklung, a.a.O., S. 16 ff.
20 Zitiert nach Peter Lock/Herbert Wulf, Die militärische Basis . . ., a.a.O., S. 136.
21 ebda., S. 139.
22 Für einen allgemeinen Überblick siehe Lothar Brock, Aber der Hunger wird nicht beseitigt. Warum nicht?, in: Frankfurter Rundschau vom 30.5.1981.
23 Zitiert nach dem Bericht der Nord-Süd-Kommission, a.a.O., S. 20.
24 Zitiert nach Thomas Nielebock/Günther Gugel, Auf dem Weg zu einer neuen Rüstungsexportpolitik, Argumente 4 des Vereins für Friedenspädagogik Tübingen, 1981, S. 19.
25 ebda., S. 22.
26 Michael Brzoska, Waffen in die Dritte Welt. Auswirkungen von Rüstungsexporten in die Entwicklungsländer, in: der überblick 1/81, S. 4.
27 Zitiert nach Thomas Nielebock/Günther Gugel, Auf dem Wege . . . , a.a.O., S. 15.
28 Zitiert nach Michael Brzoska, Waffen in die Dritte Welt, a.a.O., S. 4.
29 Bericht der Nord-Süd-Kommission, a.a.O, S. 149.
30 Milton Leitenberg, A Survey of Studies of Post World War II Wars, Conflicts, and Military Coups, Ithaca: Cornell University Centre for International Studies, Peace Studies Programme (mimeo), 1977.
31 Istvan Kende, Dynamics of Wars, of Arms Trade and of Military Expenditure in the „Third World", 1945-1976, in: Instant Research on Peace and Violence, vol. 7, no. 2, 1977, S. 59-67.
32 Lothar Brock, Aber der Hunger wird nicht beseitigt, a.a.O.
33 Khushi M. Khan/Volker Matthies, Kriegerische Konflikte in der Dritten Welt. Problemhorizont und Forschungsansätze, in: Dies. (Hrsg.), Regionalkonflikte in der Dritten Welt, a.a.O., S. 21 ff.
34 Udo Steinbach, Ursachen von Dritt-Welt-Konflikten, in: Christoph Bertram (Hrsg.), Dritt-Welt-Konflikte und internationale Sicherheit, Bonn 1981, S. 23.
35 Rasheeduddin Khan, Violence and Socio-economic Development, in: International Social Science Journal, vol. 30, no. 4, 1978.
36 Khusi M. Khan/Volker Matthies, Kriegerische Konflikte . . ., a.a.O., S. 40 ff.
37 Johan Galtung, Gewalt, Frieden und Friedensforschung, in: Dieter Senghaas (Hrsg.), Kritische Friedensforschung, Frankfurt/Main 1972, S. 55-104.
38 Vgl. Rudolf Schloz, Violencia in Lateinamerika. Bericht über ein Seminar, in: Entwicklung + Zusammenarbeit 10/74, S. 19.
39 Fred R. van der Mehden, Comparative Political Violence, Englewood Cliffs, N. J., 1973.
40 Heribert Adam, Kultureller Pluralismus als politischer Konflikt, in: Die Dritte Welt, Jg. 2, Nr. 1, 1973, S. 44-58.
41 Theodor Veiter, Nationalitätenkonflikt und Volksgruppenrecht im 20. Jahrhundert, München 1977.
42 Joel C. Edelstein, Pluralist and Marxist Perspectives on Ethnicity and Nation-Building, in: Wendell Bell/Walter E. Freeman (eds.), Ethnicity and Nation-Building, Beverly Hills-London 1974, S. 45-57.
43 Zitiert nach Dirk Gerdes, Minderheitenschutz – eine internationale Rechtsnorm auf der Suche nach ihrem Gegenstand, in: Vereinte Nationen, H. 4, 1980, S. 128.
44 ebda.
45 Zitiert nach Heribert Adam, Kultureller Pluralismus . . ., a.a.O.

46 Klaus-Jürgen Gantzel, System und Akteur. Beiträge zur vergleichenden Kriegsursachenforschung, Düsseldorf 1972, S. 62 ff.
47 J. W. Herz, Weltpolitik im Atomzeitalter, Stuttgart 1961 sowie Staatenwelt und Weltpolitik, Hamburg 1974.
48 Evan Luard (ed.), The International Regulation of Frontier Disputes, London 1970.
49 Klaus Eßer und Jürgen Wiemann, Schwerpunktländer in der Dritten Welt, Deutsches Institut für Entwicklungspolitik, Berlin 1981.
50 Raimo Väyrynen, Economic and Military Position of the Regional Power Centers, in: Journal of Peace Research, vol. XVI, no. 4, 1979, S. 349-369.
51 Zitiert nach Wolf Grabendorff, Aufzeichnung betr.: Zwischenstaatliches Konfliktverhalten und Regionales Konfliktpotential in Lateinamerika, SWP-AZ 2269, Ebenhausen, November 1980.
52 Philippe Rondot, La guerre du Chatt-al-Arab: les raisons de l'irak, in: Politique étrangère, no. 4, Dezember 1980, S. 867-879.
53 Volker Matthies, Der Grenzkonflikt Somalias mit Äthiopien und Kenya, Hamburg 1977.
54 Beat Moser, Die Externalisierung Interner Spannungszustände und Elitenkonflikte. Untersucht am Beispiel Afrikanischer und Asiatischer Peripherieländer, Forschungsstelle für Politische Wissenschaft an der Universität Zürich, Kleine Schriften zur Politischen Wissenschaft, Nr. 86-88, Zürich 1976.
55 C. R. Mitchell, Civil Strife and the Involvement of External Parties, in: International Studies Quarterly, vol. 14, no. 2, 1970, S. 166-194.
56 Edward A. Kolodziej/Robert Harkavy, Developing States and International Security, in: Journal of International Affairs, vol. 34, no. 1, Frühjahr/Sommer 1980, S. 59-87.
57 Peter Lock/Herbert Wulf, Rüstung und Unterentwicklung, a.a.O., S. 4 f.
58 Barry M. Blechmann, Umfang und Grenzen militärischer Macht bei Dritt-Welt-Konflikten, in: Christoph Bertram (Hrsg.), a.a.O., S. 139-153.
59 Peter Lock/Herbert Wulf, Die militärische Basis der Regionalkonflikte, in: Khushi M. Khan/Volker Matthies (Hrsg.), a.a.O., S. 172.
60 ebda.
61 André Gunder Frank, A Proposal for Research on Destabilisation, in: IDFA Dossier 19, Sept./Okt. 1980.
62 Zitiert nach Peter Lock/Herbert Wulf, Die militärische Basis der Regionalkonflikte, a.a.O., S. 172.
63 Carsten Holbraad, Superpowers and International Conflict, London usw. 1979.
64 Mohammed Ayoob (ed.), Conflict and Intervention in the Third World, London 1980.
65 Volker Matthies, Flüchtlingsprobleme in der Dritten Welt, in: Gegenwartskunde 3/81, S. 317-328.
66 Robert Randle, The Origins of Peace. a Study of Peacemaking and the Structure of Peace Settlements, New York-London 1973; Evan Luard (ed.), The International Regulation of Frontier Disputes, London 1970; ders. (ed.), The International Regulation of Civil Wars, London 1972.
67 C. R. Mitchell, Evaluating Conflict, in: Journal of Peace Research, vol. 17, no. 1, 1980, S. 61-75.
68 Friedensanalysen 12: Der gerechte Krieg: Christentum, Islam, Marxismus, Frankfurt/Main 1980.
69 Frantz Fanon, Die Verdammten dieser Erde, Frankfurt/Main 1966.
70 Lars Dencik, Plädoyer für eine revolutionäre Konfliktforschung, in: Dieter Senghaas (Hrsg.), Kritische Friedensforschung, Frankfurt/Main 1972, S. 247-270.
71 Henri Meyrowitz, Die Guerilla im Kriegsrecht, in: Deutsche Gesellschaft für Friedens- und Konfliktforschung (Hrsg.), Forschung für den Frieden, Boppard am Rhein 1975, S. 217-230.

72 Johan Galtung, The Changing Interface between Peace and Development in a Changing World, in: Bulletin of Peace Proposals, no. 2, 1980, S. 145-149.
73 Egbert Jahn, Gewaltfreiheit oder Gegengewalt als Antwort auf strukturelle Gewalt, in: DGFK-Informationen 2/79, S. 20-24.
74 Zitiert nach Frankfurter Rundschau vom 11.8.1981.
75 ebda.
76 Walter Rodney, Kuba vertritt eine gerechte Sache, in: Der Spiegel, Nr. 29/1978, S. 120-121.
77 Berichterstattung und Kommentierung in: Frankfurter Rundschau vom 13. und 14.8.1981.
78 Bericht von Romeo Rey in: Frankfurter Rundschau vom 11.12.1980.
79 Siehe hierzu den Tagungsband von Christoph Bertram (Hrsg.), Dritt-Welt-Konflikte und internationale Sicherheit, Bonn 1981.
80 Stanley Hoffman, Sicherheit in einer Periode der Spannungen: Reaktionsmodelle, in: Christoph Bertram (Hrsg.), a.a.O., S. 45-68.
81 Zitiert nach Christoph Bertram, Moskaus Drang in die Dritte Welt, in: Die Zeit, Nr. 19, 4. Mai 1979.
82 Sir John Hackett, Der Schutz der Ölversorgung: Militärische Erfordernisse, in: Christoph Bertram (Hrsg.), a.a.O., S. 115-169.
83 Ernst-Otto Czempiel, Macht zur Nachahmung, in: Der Spiegel, Nr. 30/1981, S. 40 f.
84 Wolfgang Kralewski/Volker Rittberger, Einleitung: Der Westen und die internationale Sicherheit, in: Arbeitsgruppe Friedensforschung Tübingen, Der Westen und die internationale Sicherheit, Argumente 5 des Vereins für Friedenspädagogik Tübingen, 1981, S. 3.
85 ebda.
86 Frankfurter Rundschau vom 29.4.1981.
87 Neue Zürcher Zeitung (Bericht über ein Internationales Kolloquium über die Sicherheit Westeuropas in den achtziger Jahren) vom 12.11.1980.
88 Daniel Frei (ed.), International crisis and crisis management, Westmead (Farnborough, Hampshire) 1978.
89 Karl W. Deutsch, Der Stand der Kriegsursachenforschung, DGFK-Hefte, Nr. 2, September 1973, S. 19 ff.
90 Helmut Hubel/Siegfried Kupper, Sowjetunion und Dritte Welt, Bonn 1981 und Robert H. Donaldson (ed.), The Soviet Union in the Third World: Successes and Failures, Boulder, Col. und London 1981.
90a Ernst-Otto Czempiel, Entwicklungspolitik und ihr Verhältnis zur Außen- und Sicherheitspolitik, in: Entwicklung – Gerechtigkeit – Frieden, München-Mainz 1979, S. 236 f.
91 Zitiert nach Bernard Kiernan, Der Mythos vom Frieden durch Stärke, in: Der Spiegel, Nr. 2/1982, S. 92 f.
92 Karl Kaiser/Winston Lord/Thierry de Montbrial/David Watt, Die Sicherheit des Westens. Neue Dimensionen und Aufgaben, Forschungsinstitut der Deutschen Gesellschaft für Auswärtige Politik e. V., Bonn 1981.
93 Zitiert nach Wolfgang Kralewski/Volker Rittberger, Einleitung: Der Westen und die internationale Sicherheit, a.a.O., S. 3 f.
94 ebda., S. 4 f.
95 Zitiert nach Ernst-Otto Czempiel, Weder Zwerg noch Riese: Eine neue Großmacht Bundesrepublik? in: Frankfurter Rundschau vom 19. Mai 1981.
96 Zitiert nach Peter Lock/Herbert Wulf, Die militärische Basis der Regionalkonflikte, a.a.O., S. 174.
97 Helge Hveem, Militarization of Nature: Conflict and Control over Strategic Resources and Some Implications for Peace Policies, in: Journal of Peace Research, vol. XVI, no. 1, 1979, S. 1-23.
98 Zitiert nach Ernst-Otto Czempiel, Weder Zwerg noch Riese . . ., a.a.O.

99 John J. Stremlau, The Foreign Policies of Developing Countries in the 1980s, in: Journal of Intern Affairs, Vol. 34, No. 1, Frühjahr/Sommer 1980, S. 161-178.
100 Mark W. Zacher, International Conflicts and Collective Security, 1946-77, New York 1979.
101 Volker Matthies, Von der Unmoral zur Respektabilität. Zwei Jahrzehnte Bewegung der Blockfreien, in: Vereinte Nationen, H. 6, 1981, S. 183-88 und A. Bebler, Security Aspects of Non-Alignment, in: International Studies (New Delhi), vol. XIV, April/Juni 1975, S. 289 ff.
102 Zitiert nach Miljan Komatina, Ständige Aktion der Blockfreien Länder, in: Internationale Politik (Belgrad), Heft 622, 1976, S. 2.
103 Zitiert nach Interview mit Press Trust of India, in: India News, hrsg. v. d. Indischen Botschaft in Bonn, Nr. 15 vom 16.9.1981.
104 Herbert Wulf, Rüstungsimport als Technologietransfer, München-London 1979, S. 319 ff.
105 Als Überblick Lothar Brock, Abrüstung als Entwicklungspolitik, in: beilage zur wochenzeitung das parlament (aus politik und zeitgeschichte), B 42/80, 18. Oktober 1980, S. 21-29.
106 Zitiert nach Rüdiger Jütte, Blockfreiheit und Abrüstung, in: Internationale Entwicklung (Wien), 1981/II, S. 3-21.
107 Michael Brzoska, Rüstung und Dritte Welt, a.a.O., S. 115.
108 Zum folgenden siehe ebda., S. 91 ff.
109 Gerda Zellentin, Rüstungskonversion: Vermittlung zwischen Abrüstung und Entwicklung, in: Vereinte Nationen, H. 1, 1981, S. 15-19.
110 Wolfgang Heisenberg, Regionale Maßnahmen zur Rüstungskontrolle – ein Weg zur überregionalen Abrüstung?, in: Vereinte Nationen, H. 1, 1981, S. 10-14.
111 Hierzu und zum folgenden siehe Horst Rattinger, Rüstungskontrolle in der Dritten Welt, aus politik und Zeitgeschichte (beilage zur wochenzeitung das parlament), B. 32/80, 1980, S. 33-45.
112 Hierzu siehe Militärpolitik Dokumentation, Heft 14/15: Rüstungstransfers und Dritte Welt, S. 74 ff.; Karsten D. Voigt, Schwach entwickelt – stark gerüstet (Teil 2): Brennstoff für regionale Konfliktherde, in: Vorwärts vom 26.7.1979.
113 ebda.
114 Thomas Nielebock/Günther Gugel, Auf dem Weg zu einer neuen Rüstungsexportpolitik, Argumente 4 des Vereins für Friedenspädagogik Tübingen, 1981, S. 8 f.
115 Zum folgenden siehe vor allem Michael Brzoska/Herbert Wulf, Offensive im Rüstungsexport, in: Studiengruppe Militärpolitik (Hrsg.), Aufrüsten um abzurüsten? Informationen zur Lage, Reinbek bei Hamburg 1980, S. 259-278; Michael Brzoska, Bundesdeutsche Rüstungsexporte in die Dritte Welt: Daten, Verfahren, Zusammenhänge, in: Bernhard Moltmann (Hrsg.), Militarismus und Rüstung, Heidelberg 1981, S. 67-100; Eckehart Ehrenberg, Der deutsche Rüstungsexport, München 1981; Joachim Krause, Die Rüstungsexport-Poltiik der Bundesrepublik Deutschland, in: Europa-Archiv, Folge 12, 1981, S. 363-372.
116 Michael Brzoska, Bundesdeutsche Rüstungsexporte in die Dritte Welt, a.a.O., S. 90.
117 Zum folgenden vor allem Thomas Nielebock/Günther Gugel, Auf dem Weg zu einer neuen Rüstungsexportpolitik, a.a.O.
118 Zitiert nach Christian Heimpel (unter Mitarbeit von Volker Matthies), Deutsche Waffenexporte in die Dritte Welt, Deutsches Übersee-Institut, Institut für Allgemeine Überseeforschung, Hamburg 1981, S. 5.
119 Zitiert nach Jo Rodejohann und Christian Wellmann, Mehr Arbeit durch Waffenexport?, in: Der Spiegel, Nr. 36/1981, S. 72.
120 Zitiert nach E. Ehrenberg, Der deutsche Rüstungsexport, München 1981; S. 115.
121 Frankfurter Rundschau vom 4. Mai 1982.
122 Zitiert nach Frankfurter Rundschau vom 14.11.1981.

Materialien

1. Rüstung und Dritte Welt

1.1 Verteilung der weltweiten Militärausgaben 1965 und 1979

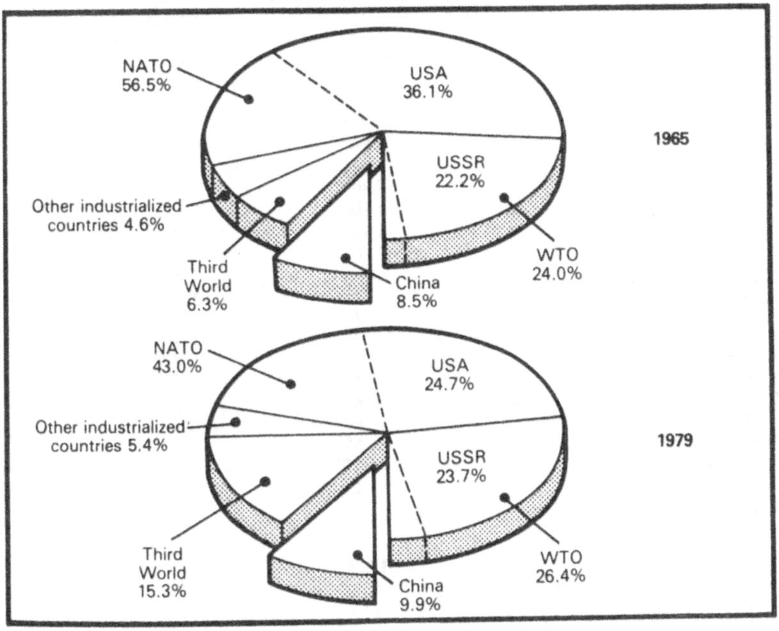

Quelle: SIPRI Rüstungsjahrbuch 80/81

1.2 Die Anteile der Importeure und Exporteure an den Großwaffenlieferungen in die Dritte Welt 1970-79

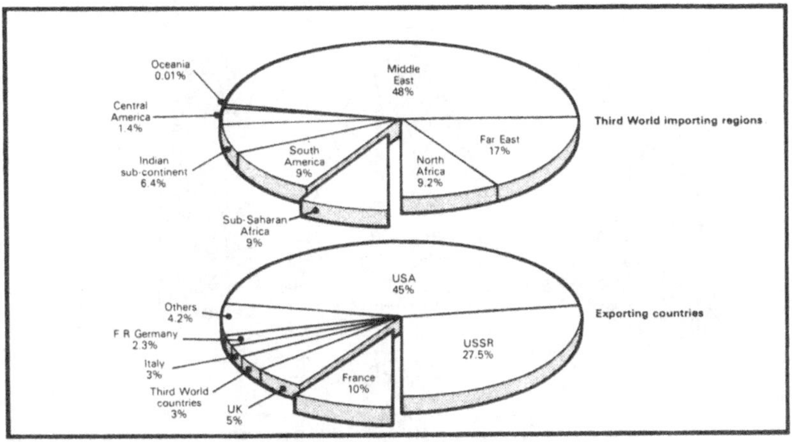

Quelle: SIPRI Rüstungsjahrbuch 80/81

1.3 Rangordnung aller Großwaffenexporteure in die Dritte Welt

Die Angaben sind Werte des SIPRI-Trendindikators, berechnet in Millionen US-$ zu konstanten Preisen von 1975.

Exporting country	Total value	Percentage of Third World total
1. USA	27 727	*45*
2. USSR	16 914	*27.5*
3. France	5 894	*10*
4. UK	3 044	*5*
5. Italy	1 868	*3*
6. Third World exporters	1 805	*3*
7. FR Germany	1 444	*2.3*
8. China	787	*1.3*
9. Netherlands	515	*0.8*
10. Australia	421	*0.7*
11. Canada	323	*0.5*
12. Sweden	196	*0.3*
13. Czechoslovakia	154	*0.2*
14. Spain	110	*0.2*
15. Ireland	87	*0.1*
16. Poland	80	*0.1*
17. Switzerland	55	–
18. Yugoslavia	47	–
19. New Zealand	13	–
20. Belgium	5	–
21. Japan	3	–
Total	**~61 000**	*100.0*

Quelle: SIPRI Rüstungsjahrbuch 80/81

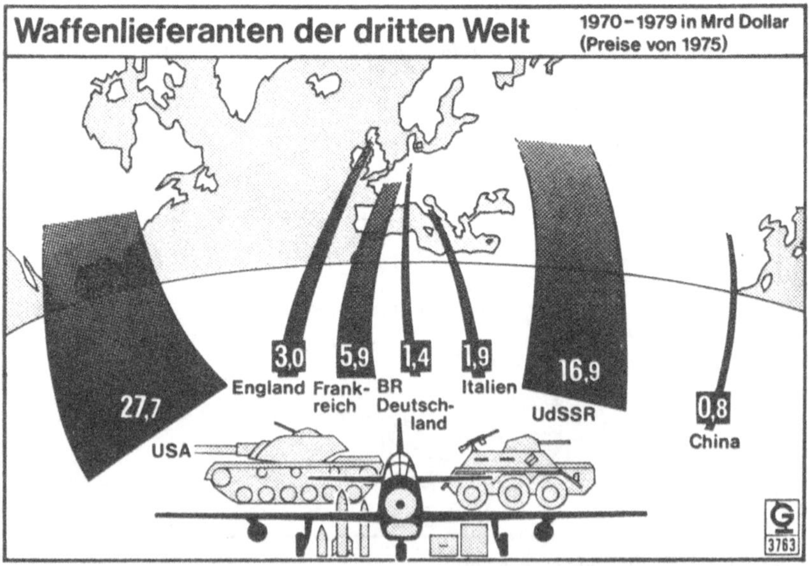

1.5 Rangordnung der wichtigsten Großwaffenimporteure in der Dritten Welt 1970-1974

Importing region	SIPRI total indicator value of arms imports (1975 $mn)	Percentage of Third World total	Largest recipient countries	SIPRI total indicator value of country's arms imports (1975 $mn)	Percentage of region's total	Largest supplier to each country	Percentage of country's total	Four largest suppliers per region	Percentage of region's total
Middle East	9 344	*50*	Syria	2 320	*25*	USSR	*95*	USSR	*51*
			Egypt	2 181	*23*	USSR	*98*	USA	*34*
			Iran	2 053	*22*	USA	*60*	UK	*10*
			Israel	1 688	*18*	USA	*97*	France	*2*
			Iraq	336	*4*	USSR	*94*		
			Saudi Arabia	324	*3*	USA	*51*		
Far East	3 738	*20*	S. Viet Nam	1 475	*39*	USA	*100*	USA	*62*
			N. Viet Nam	861	*23*	USSR	*93*	USSR	*28*
			N. Korea	261	*7*	USSR	*100*	UK	*4*
			Thailand	243	*6*	USA	*82*	China	*2*
			Taiwan	213	*6*	USA	*100*		
			S. Korea	169	*4*	USA	*98*		
South Asia	1 869	*10*	India	1 281	*68*	USSR	*70*	USSR	*54*
			Pakistan	457	*24*	China	*53*	UK	*15*
			Afghanistan	60	*3*	USSR	*100*	China	*13*
			Bangladesh	49	*3*	USSR	*92*	France	*10*
			Sri Lanka	15	*1*	UK	*47*		
			Nepal	6	*0.3*	UK	*33*		
South America	1 479	*8*	Venezuela	270	*18*	France	*53*	France	*27*
			Brazil	255	*17*	USA	*15*	USA	*24*
			Chile	255	*17*	UK	*41*	UK	*21*
			Argentina	254	*17*	USA	*33*	FR Germany	*10*
			Peru	204	*14*	USA	*30*		
			Uruguay	51	*3*	USA	*25*		
Sub-Saharan Africa	1 276	*7*	South Africa	483	*38*	France	*51*	France	*36*
			Zaire	122	*10*	France	*82*	USSR	*17*
			Uganda	111	*8*	Libya	*49*	China	*9*
			Tanzania	107	*8*	China	*78*	Italy	*7*
			Sudan	96	*7*	USSR	*83*		
			Somalia	81	*6*	USSR	*100*		
North Africa	783	*4*	Libya	656	*84*	France	*67*	France	*63*
			Morocco	64	*8*	USA	*69*	USSR	*17*
			Tunisia	41	*5*	France	*96*	USA	*12*
			Algeria	23	*3*	France	*52*	UK	*4*
Central America	231	*1*	Cuba	153	*66*	USSR	*100*	USSR	*66*
			Guatemala	17	*7*	USA	*92*	USA	*19*
			Mexico	17	*7*	USA	*72*	UK	*7*
			Nicaragua	12	*5*	Israel	*98*	Israel	*4*
			El Salvador	7	*3*	USA	*57*		
			Jamaica	5	*2*	USA	*86*		
Third World total	**18 720**	**100**							

[a] Diese Tabelle ersetzt die Tabelle aller Importe zusammenaddiert seit 1950, die in Zusammenhang mit der Umstellung auf elektronische Datenverarbeitung überarbeitet wird. Die überarbeitete Tabelle mit jährlichen Export- und Importzahlen wird im *SIPRI-Jahrbuch 1981* erscheinen.

Quelle: SIPRI Rüstungsjahrbuch 80/81

1.6 *Rangordnung der wichtigsten Großwaffenimporteure in der Dritten Welt 1975-1979*

Importing region	SIPRI total indicator value of arms imports (1975 $mn)	Percentage of Third World total	Largest recipient countries	SIPRI total indicator value of country's arms imports (1975 $mn)	Percentage of region's total	Largest supplier to each country	Percentage of country's total	Four largest suppliers per region	Percentage of region's total
Middle East	20 141	*48*	Iran	6 229	*31*	USA	*81*	USA	*61*
			Saudi Arabia	2 806	*14*	USA	*79*	USSR	*15*
			Jordan	2 615	*13*	USA	*98*	France	*7*
			Iraq	2 418	*12*	USSR	*93*	UK	*5*
			Israel	2 008	*10*	USA	*95*		
			Syria	1 170	*6*	USSR	*84*		
Far East	6 679	*16*	S. Korea	2 515	*38*	USA	*98*	USA	*49*
			Viet Nam	1 094	*16*	USSR	*91*	USSR	*21*
			Taiwan	845	*13*	USA	*95*	France	*2*
			Malaysia	325	*5*	USA	*54*	China	*1*
			Philippines	307	*5*	USA	*61*		
			Indonesia	306	*5*	USA	*36*		
North Africa	4 848	*11*	Libya	3 151	*65*	USSR	*79*	USSR	*62*
			Morocco	863	*20*	France	*81*	France	*19*
			Algeria	660	*14*	USSR	*79*	USA	*3*
			Tunisia	72	*1*	Italy	*38*	UK	*1*
Sub-Saharan Africa	4 021	*10*	South Africa	969	*24*	France	*53*	USSR	*31*
			Ethiopia	533	*13*	USSR	*95*	France	*21*
			Angola	350	*9*	USSR	*99*	USA	*7*
			Mozambique	315	*9*	USSR	*100*	UK	*5*
			Sudan	232	*6*	France	*64*		
			Nigeria	188	*5*	UK	*22*		
South America	3 963	*9*	Brazil	965	*24*	USA	*34*	USA	*21*
			Peru	806	*20*	USSR	*41*	UK	*18*
			Argentina	692	*17*	UK	*26*	France	*11*
			Chile	543	*14*	France	*22*	Italy	*11*
			Venezuela	511	*13*	Italy	*51*		
			Ecuador	304	*8*	France	*45*		
South Asia	2 031	*5*	India	1 055	*52*	USSR	*57*	USSR	*42*
			Pakistan	564	*28*	France	*53*	France	*18*
			Afghanistan	253	*13*	USSR	*100*	UK	*14*
			Bangladesh	59	*3*	China	*78*	China	*7*
			Nepal	7	*0.3*	France	*57*		
			Sri Lanka	4	*0.2*	France	*50*		
Central America	624	*1.5*	Cuba	279	*45*	USSR	*100*	USSR	*45*
			Mexico	172	*28*	UK	*74*	UK	*21*
			Bahamas	37	*6*	USA	*100*	USA	*8*
			Honduras	34	*5*	USA	*50*	France	*3*
			El Salvador	30	*5*	Israel	*83*		
			Guatemala	23	*4*	Israel	*39*		
Oceania	8	*0.02*	Papua New Guinea	5	*63*	Australia	*100*	Australia	*63*
			Fiji	3	*37*	USA	*100*	USA	*37*
Third World total	**42 315**	**100.5**							

Quelle: SIPRI Rüstungsjahrbuch 80/81

1.7 Rüstungsproduktion in Entwicklungsländern

	Kampfflugzeuge, Düsentrainer, Triebwerke	leichte Flugzeuge	Hubschrauber	Flügkörper, Raketen	große Kriegsschiffe	mittlere Kriegsschiffe (bis zu 500 t)	Kleinkampfschiffe u. ä. (unter 100 t)	U-Boote	Panzer und gepanzerte Mannschaftswagen	Kleinwaffen, Munition, Gewehre usw.	Elektronik und Avionik
	1	2	3	4	5	6	7	8	9	10	11
Europa											
1. Griechenland	l								l[2]	l	l[1]
2. Jugoslawien	e l	e l	l	l		l	n	n	l	l	
3. Portugal		l			n	l	l			l	
4. Spanien	l	l			l	l	n	l	l	e l	n
5. Türkei	l[1]	l[1]		l	l	l	n	l	l[1]	l	
Lateinamerika											
1. Argentinien	e	l	l	l	l	l		l	e l	e l	
2. Brasilien	e l	e l	l[1]	e l	l	e l	e	n	e l	e l	n l
3. Chile						n					
4. Dominic. Republik						n				e l	
5. Kolumbien		l				n	l				
6. Mexiko	l[1]				n	l				l	
7. Peru	l[1]				l	e				l[1]	
8. Venezuela	l[1]						l			n	
Afrika											
1. Algerien										n	
2. Elfenbeinküste							n				
3. Gabun						n	n				
4. Ghana										l	
5. Guinea										l	
6. Kongo										n	
7. Madagaskar						l					
8. Marokko										l	
9. Nigeria	l[1]									l	
10. Rhodesien										l	
11. Südafrika	l	l	l	l	l	n	n		l	l	n l
12. Sudan										l	
13. Zaire				l						?	
Nah-/Mittelost											
1. Ägypten	l	l	l	l		n			l	l	
2. Iran	l[2]		l	l[1]	l[1]					l	l
3. Israel	e l[1]	e		e l	e	l	e l		e l	e	e l
4. Saudi-Arabien										l	
5. Jemen (Aden)							?				
Asien											
1. Bangladesh							n				
2. Burma						n	l			l	
3. Hongkong						n	n				
4. Indien	e l	e l	l	l	l	l	e	l	l	e l	e l
5. Indonesien	l	l	l			n				l	
6. Korea (Nord)	l[1]				n	n	n			l	
7. Korea (Süd)	l[1]		l[1]			n	n			n	l
8. Malaysia						l				l	
9. Nepal										n	
10. Pakistan	l[1]	l[1]	l	l			n			l	l
11. Philippinen		l	l[1]	n			l			l	
12. Singapur	l[2]					l	l			l	l
13. Sri Lanka	l						l				
14. Taiwan	e l	l	l	n	n l[2]		n			l	n
15. Thailand						n	l			l	
16. Vietnam		l								n	

e = Eigenentwicklung l = Lizenzproduktion und technische Unterstützung
n = nicht bekannt, ob e oder l [1] = geplant [2] = nur Reparatur, Überholung usw.

Quelle: Peter Lock und Herbert Wulf, Register of Arms Production in Developing Countries, Hamburg, März 1977, vervielfältigtes Manuskript (aktualisiert)

	Ägypten	Argentinien	Brasilien	Gabon	Elfenbeinküste	Indien	Indonesien	Iran	Israel	Jugoslawien	Korea (Süd)	Mexiko	Pakistan	Singapur	Spanien	Südafrika	Thailand	Türkei
Abu Dhabi			h[1]										m					
Ägypten						h				f					a			
Äthiopien										fk								
Algerien	bh																	
Argentinien						n			d									
Bangladesh						fc												
Bolivien		bk	ah						b									
Brunei														f				
Burma										f								
Chile			a						dk						fe		k	
Ecuador									b									
El Salvador									ab									
Ghana						a			k									
Griechenland									l									
Guatemala									b						k			
Haiti																		
Honduras									ba									
Hong Kong														f				
Indien		n								nfk								
Indonesien	k					a				ke	e	e		m	b			

Irak	x		h^1			alm												
Iran									k				m					n
Jordanien	b					k									b^1			b
Jugoslawien						n												
Kambodscha										f								
Kamerun				f	f													
Katar			h															
Kolumbien															f			
Korea (Süd)														m				
Kuweit	d					l								f				
Libanon						k												
Libyen	b	b^1	h^1							a^1			m	f				
Madagaskar												e						
Malaysien						k	b^1m^1		d			e		mef				
Malta														f				
Marokko															k			
Mauretanien																		
Mexiko									b									
Nepal						c												
Nigerien						k			k									
Nicaragua		b^1							b						b			
Oman						k									k			
Pakistan								n							k			n
Panama									b									
Paraguay		eh	a^1						b									

Peru		b[1]	k															
Philippinen							b[1]m[1]							f				
Portugal															ke			
Rhodesien									k							h		
Sambia										a								
Saudi-Arab.	d						a[1]						e		k			
Senegal														f				
Singapur						ba	m[1]		dk									
Somalia	bhk							k										
Sri Lanka														f				
Sudan			a[1]							ef								
Südafrika									defin						ek			
Syrien						h?									a			
Taiwan									ld									
Tansania										a								
Thailand							b[1]m[1]		kd					me				
Togo			a[1]						k									
Türkei			h[1]					n	l				m		a			
Uganda									b									
Uruguay			a												e			
Venezuela															b			
Yemen	h																	
Zahl der Empfängerländer	9	6	12	1	1	16	5	3	25	10	1	3	5	12	17	1	1	3

Legende:
a = Kampfflugzeuge u. Düsentrainer
b = leichte Militärflugzeuge
c = Hubschrauber
d = Raketen und Lenkwaffen
e = Kriegsschiffe (über 100 f)
f = Kleinkampfschiffe u. Versorgungsschiffe
g = U-Boote
h = Panzer und gepanzerte Fahrzeuge
i = Elektronik, Avionik
k = Kleinwaffen, Munition, Bomben, Uniformen, Militärlastwagen, Infanteriegeschütze
l = Ersatzteile
m = Wartungs- und Reparaturleistungen
n = technische Hilfe/Kooperation
x = Waffen, nicht spezifiziert
1 = Lieferung geplant oder noch nicht vollständig ausgeführt

Quelle: Herbert Wulf, Rüstungsimport als Technologietransfer, München-London 1980.

1.9 *Die 13 größten Waffenexportländer der Dritten Welt (1970-1979)*

Anbieter	Gesamtwert in Mio US-Dollar	Prozentanteile am Waffenexport aus der Dritten Welt	wichtigste Empfängerländer	Prozentanteil des Empfängers am Export des Anbieters
Israel	447	26	Südafrika Argentinien El Salvador	35 29 6
Brasilien	349	21	Libyen Chile Abu Dhabi	25 23 6
Iran	160	9	Pakistan Jordanien Äthiopien	75 21 2
Jordanien	159	9	Südafrika Oman Pakistan	90 10 0,2
Südafrika	150	9	Zimbabwe-Rhodesien Malawi	98,7 1,3
Libyen	107	6	Uganda Syrien Pakistan	70 24 0,1
Singapur	48	3	Brunei Thailand Kuwait	62 21 2
Argentinien	39	2	Chile Mauretanien Uruguay	54 20 13
Saudi Arabien	31	2	Somalia Jemen, Nord Oman	65 33 2
Kuba	28	2	Peru	100
Ägypten	25	1	Somalia Nigeria Libyen	84 10 5
Indien	18	1	Südafrika Bangladesh Nepal	61 27 12
Indonesien	16	1	Benin Zimbabwe-Rhodesien Thailand	63 25 13

Quelle: SIPRI Jahrbuch 1980 (entnommen aus: der überblick 1/81)

1.10 *Relative wirtschaftliche Belastung ausgewählter Entwicklungsländer durch Militärausgaben, 1977*

Land	BSP pro Kopf DM	Militär-ausgaben / BSP in %	Armuts-grenze in DM	Hypothetisches Maximales Surplus (HMS)*	Militär-ausgaben/ HMS in %
Indien	320	3,1	280	40	26
Äthiopien ('75)	200	3,2	175	25	20
Pakistan	460	5,0	275	185	16
Nigeria	1 100	7,8	460	640	14
Chile	2040	8,0	920	1 120	12
zum Vergleich: Bundesrepublik Deutschland	19200	3,5	4600	14600	4,5

* HMS = BSP pro Kopf abzüglich Armutsgrenze

Datenquellen: *Military Balance 1978/79, London 1978, National Basic Intelligence Factbook. Washington D.C. 1978*

Alle Angaben sind als grobe Schätzungen zu werten, insbesondere diejenigen über die Grenze des Hungers bzw. der Armut; Zusammenstellung der Tabelle nach Peter Lock.

Quelle: der überblick 1/81

1.11 *Bedenkliches Ungleichgewicht*

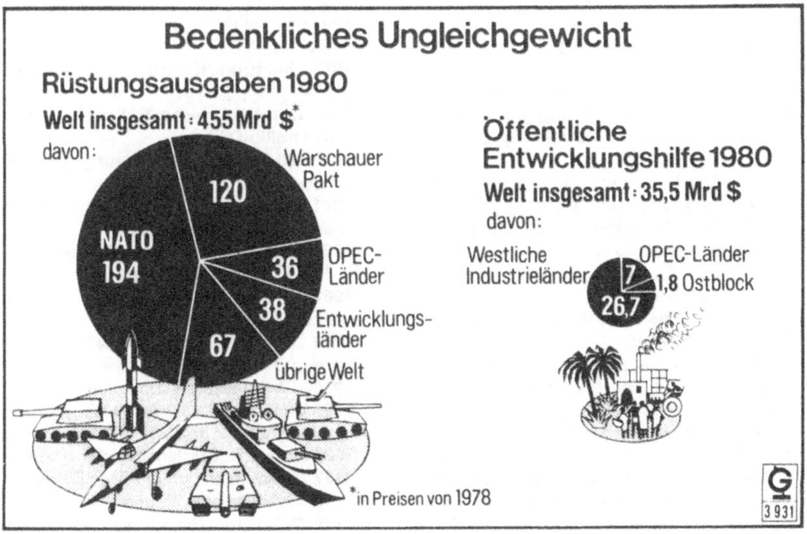

2. Kriege in der Dritten Welt

2.1 133 Kriege seit 1945

Europa

1944–45 Griechenland; Bürgerkrieg nach der Befreiung

1945–48 Spanien; Nachwehen des Bürgerkriegs von 1936–39

1946–49 Griechenland; Fortsetzung des Bürgerkriegs

1955–59 Zypern; Kampf der griechischen Untergrundbewegung EOKA gegen Briten und türkische Bevölkerungsgruppe

1956 Ungarn; Volksaufstand

1963–64 Zypern; Auseinandersetzungen zwischen Griechen und Türken

1968 Tschechoslowakei; Einmarsch von Truppen des Warschauer Paktes

Seit 1969 Nordirland; Bürgerkrieg

1974 Zypern; Teilung des Landes nach Putschversuch der – griechischen – Nationalgarde, Invasion türkischer Truppen

Naher Osten/ Arabische Länder

1945 Algerien; niedergeworfener Aufstand

1947–49 Israel/arabische Länder; erster Nahostkrieg nach Gründung Israels

1951–52 Ägypten; Aufstand gegen König Faruk

1952–54 Tunesien; Unabhängigkeitsbewegung gegen Frankreich

1952–56 Marokko; Unabhängigkeitskrieg gegen Frankreich

1954–62 Algerien; Unabhängigkeitskrieg gegen Frankreich

1955–63 Oman; Aufstände gegen den Sultan von Maskat

1956 Ägypten; »Suez-Krise«, Nasser verstaatlicht Suezkanal, England, Frankreich und Israel marschieren ein

1958 Libanon; Bürgerkrieg, Eingreifen der USA

1961–64 Irak; Aufstand der kurdischen Minderheit, erneut 1965–70 und 1974–75

1962–70 Jemen; Bürgerkrieg mit Eingreifen Ägyptens führt 1970 zur Spaltung des Landes

1965–72 Sudan; Unruhen, Aufstände, Putschversuche

Seit 1965 Oman (Dhofar); Bewegung gegen den Sultan

1967 Israel/arabische Länder; dritter Nahostkrieg

Seit 1970 Libanon; Regierungstruppen bekämpfen Palästinenser

1973 Israel/arabische Länder; vierter Nahostkrieg

Seit 1975 Libanon; Bürgerkrieg

Seit 1975 Westsahara/Marokko/Mauretanien; Unabhängigkeitskampf der Polisario

Amerika

1947 Paraguay; Aufstand gegen Militärdiktatur gescheitert

1948 Costa Rica; Revolution mit Beteiligung nicaraguanischer Truppen

1948–53 Kolumbien; Bürgerkrieg

1949 Bolivien; gescheiterte Militärrevolte

1950 Puerto Rico; Unruhen

1952 Bolivien; Revolution

1954 Guatemala; Sturz der Regierung

1955 Costa Rica/Nicaragua; Grenzstreitigkeiten

1956–59 Kuba; Guerilla gegen Diktator Batista

1957 Honduras/Nicaragua; Grenzstreitigkeiten

1959 Dominikanische Republik; Kampf gegen Trujillo-Diktatur

1959–60 Paraguay; Aufstand gegen Diktatur gescheitert

1961 Kuba; gescheiterte Invasion von Exilkubanern (»Schweinebucht«)

1961–70 Venezuela; Partisanankrieg

1962 Kolumbien; Unruhen

1962–72 Guatemala; Untergrundkrieg gegen die Regierung

1963 Dominikanische Republik; Aufstände und Militärputsch

1964–72 Kolumbien; Unruhen

1965 Dominikanische Republik; Bürgerkrieg, Eingreifen der USA

1965 Peru; bürgerkriegähnliche Unruhen

1967 Bolivien; Unruhen, Guerilleros unter Che Guevara geschlagen

1969 El Salvador/Honduras; Grenzstreitigkeiten

1973 Chile; Pinochet errichtet Diktatur

1978–79 Nicaragua; »Sandinistische Befreiungsfront« stürzt Diktatur

Asien

1945–49 Indonesien; Unabhängigkeitskampf

1946–49 China; Bürgerkrieg, Sieg der Kommunisten unter Mao

1946–54 Indochina; Guerilla gegen die französischen Kolonialtruppen, Unabhängigkeit von Laos, Vietnam und Kambodscha

1946–54 Philippinen; Aufstände und Klassenkämpfe

1947–48 Indien; Bürgerkrieg, Einigungsbemühungen nach Unabhängigkeit

1947–48 Indien/Pakistan; Kaschmir-Konflikt, Grenzstreitigkeiten

Seit 1948 Burma; seit Staatgründung innere Unruhen

1948–59 Malaiischer Bund; Aufstände kommunistischer Partisanen

1950–51 China/Tibet; chinesische Eingliederung Tibets

1950–53 Korea; nach Einmarsch nordkoreanischer Truppen in Südkorea Entsendung einer UNO-Streitmacht

1955–75 Südvietnam; Bürgerkrieg (akut 1957–64), permanenter Guerillakrieg des Vietcong

1956–64 Indien; oppositionelle Bewegungen

1957–58 Indonesien; Bürgerkrieg und Separationstendenzen auf einigen Inseln

1958 China; Beschießung der Insel Quemoy

1959 China; erneute Besetzung Tibets nach indischer Aktion führt zu:

1959 China/Indien; Grenzkämpfe

1959–62 Laos; Bürgerkrieg

Seit 1961 Iran; Auseinandersetzungen mit der kurdischen Minderheit

1962 Indien/China; chinesische Invasion im Grenzgebiet Kaschmir

1963–66 Malaysia; innere Unruhen

1964–68 Nordvietnam; Eingreifen der USA in den von Nordvietnam beeinflußten südvietnamesischen Bürgerkrieg

1964–73 Laos; Fortsetzung des Bürgerkriegs und Einbeziehung in den Vietnamkrieg

1965 Indien/Pakistan; Pakistan greift Indien an

Seit 1965 Thailand; ethnische und soziale Unruhen sowie kommunistische Guerillaaktivitäten

1970–75 Kambodscha; Bürgerkrieg, Einbeziehung in den Vietnamkrieg

1970–76 Philippinen; soziale und religiöse Auseinandersetzungen

1971 Pakistan; Unabhängigkeitskrieg führt zur Gründung von Bangla Desh

1971 Ceylon (Sri Lanka); schwere Unruhen

1972–73 Nordvietnam; Fortsetzung des US-Bombardements

Seit 1978 Vietnam/Kambodscha; Unterstützung des Aufstandes gegen das Pol-Pot-Regime durch Vietnam

Seit 1978 Afghanistan; Bürgerkrieg und Besetzung durch UdSSR-Truppen

1979 China/Vietnam; chinesischer Angriff auf Vietnam

Afrika

1947–48 Madagaskar; erfolgloser Aufstand gegen Kolonialmacht Frankreich

1952–56 Kenia; »Mau-Mau«-Aufstand gegen Kolonialmacht England

1955–63 Kamerun; Partisanenkrieg, seit Unabhängigkeit 1960 Kampf um politische Vorherrschaft

1960–64 Kongo/Katanga; nach Unabhängigkeit Aufstand gegen Zentralregierung, Provinz Katanga fällt ab, Entsendung von UNO-Truppen

1961–74 Angola; Befreiungskampf gegen Kolonialmacht Portugal

Seit 1961 Äthiopien (Eritea); Eritrea wird Äthiopien eingegliedert, seither Unabhängigkeitskrieg

1963–64 Ruanda; Stammeskriege

1963–67 Kenia/Somalia; Somalia beansprucht kenianisches Gebiet

1963–69 Kongo (Zaire); Aufstand gegen Zentralregierung

1963–74 Guinea-Bissau; Befreiungskampf gegen Kolonialmacht Portugal

1964–74 Mosambik; Befreiungskampf gegen Kolonialmacht Portugal

1967–70 Nigeria (Biafra); Unabhängigkeitskrieg der Provinz Biafra, blutig niedergeschlagen

1967–79 Rhodesien (Zimbabwe); Befreiungskampf

1968–72 Tschad; Aufstände im Norden

1972 Burundi; Stammeskämpfe
1972 Uganda/Tansania; Grenzkämpfe
Seit 1976 Südwestafrika (Namibia); Befreiungskampf
1978 Somalia/Äthiopien; Somalia beansprucht äthiopische Provinz Ogaden
1978–79 Uganda/Tansania; Tansania unterstützt Sturz des Diktators Idi Amin

Quelle: Der Gewerkschafter 9/79 (Übersicht und Dokumentation von M. Meissner), entnommen aus: der überblick 1/81

2.3 *Ursachen kriegerischer Konflikte in der Dritten Welt*

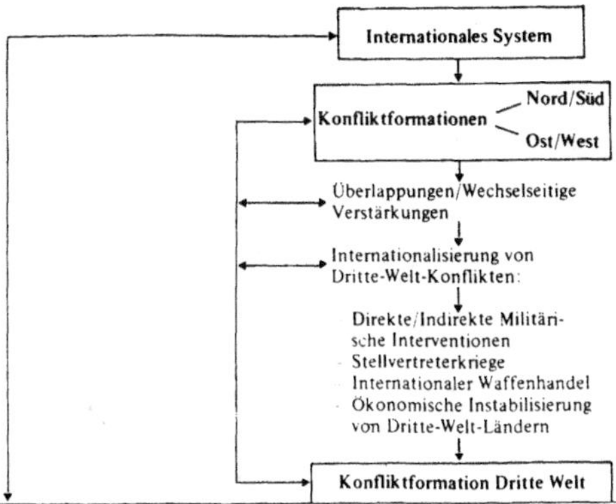

Bezugsrahmen der Konflikte	Konfliktursachen (Ursachenbündel)		Konflikttypen/Beispiele
Zwischenstaatlich (Internationale Konflikte)	„*Exogene*" *Ursachen* (zwischengesellschaftliche Ursachen)	Machtkonkurrenzen	*Hegemonialkonflikte* um regionale Vormachtstellung (Vietnam/Kambodscha)
		Territorialansprüche	*Territorialkonflikte* (Somalia/Äthiopien)
		Rohstoffbedarf	*Ressourcenkonflikte* (z. B. um Öl zwischen Ecuador/Peru)
	„*Endogene*" *Ursachen* (innergesellschaftliche Ursachen)	Herrschaftssicherung gegenüber einem Außenfeind	Irak-Regime gegenüber revolutionärer Bedrohung durch Iran?
		Ablenkung innerer Spannungen gegen einen Außenfeind („Sündenbock"-Theorie)	Argentinien/Chile (bei Streit um Beagle-Kanal?)
Internationalisierte Bürgerkriege		Politische/Ökonomische Interessen von Eliten/Klassen/Bevölkerungsgruppen	Nomadeninteressen im Konflikt Somalias mit Äthiopien (Weideplätze, Wasserstellen, numerisches Gewicht in einem „Größeren Somalia")
Innerstaatlich (Bürgerkriege)			**Separatistisch-sezessionistische Kriege** (Ziel=politisch-territoriale Absonderung oder Unabhängigkeit)
	Ethnisch-kulturelle Heterogenität: (Kultureller Pluralismus)	Spannungen erwachsen aus Vielfalt unterschiedlicher Bevölkerungsgruppen, die keine einheitliche „Nation" bilden („Stammesgesellschaften")	Südsudan-Konflikt Nigeria/Biafra
	Interner Kolonialismus:	Ökonomische Ausbeutung und politische Unterdrückung einer Bevölkerungsgruppe durch eine andere Bevölkerungsgruppe	Islamische Moro-Rebellion auf Mindanao in den Südphilippinen gegen christliche Bevölkerung der Hauptinseln Sezessionskrieg Bangladesh (Ostpakistan) gegen Pakistan
			Anti-Regime-Kriege (Ziel=Erringung der Macht im Staat)
	Sozio-ökonomische Heterogenität: (Strukturelle Gewalt)	Gesellschaftssysteme, die durch krasse soziale Ungerechtigkeit gekennzeichnet sind (Strukturelle Gewaltverhältnisse) produzieren personale Gegengewalt	Revolution/Bürgerkrieg in Äthiopien (gegen Feudalismus und kaiserliche Autokratie) Revolution/Bürgerkrieg in Nicaragua (gegen die Bereicherungsdiktatur des Somoza-Clans) Anti-koloniale Befreiungskriege (gegen Fremdherrschaft und Fremdbestimmung)

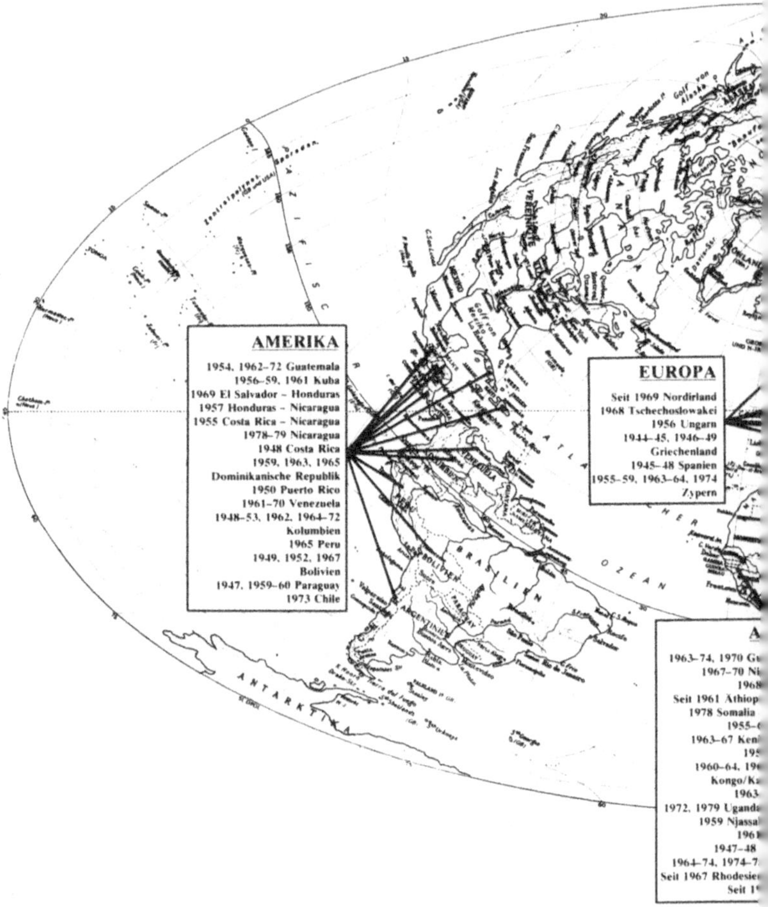
AMERIKA
1954, 1962–72 Guatemala
1956–59, 1961 Kuba
1969 El Salvador – Honduras
1957 Honduras – Nicaragua
1955 Costa Rica – Nicaragua
1978–79 Nicaragua
1948 Costa Rica
1959, 1963, 1965
Dominikanische Republik
1950 Puerto Rico
1961–70 Venezuela
1948–53, 1962, 1964–72
Kolumbien
1965 Peru
1949, 1952, 1967
Bolivien
1947, 1959–60 Paraguay
1973 Chile
EUROPA
Seit 1969 Nordirland
1968 Tschechoslowakei
1956 Ungarn
1944–45, 1946–49
Griechenland
1945–48 Spanien
1955–59, 1963–64, 1974
Zypern
1963–74, 1970
1967–70
Seit 1961
1978 Somalia
1963–67
1960–64,
1972, 1979
1959
1947–48
1964–74,
Seit 1967
Seit

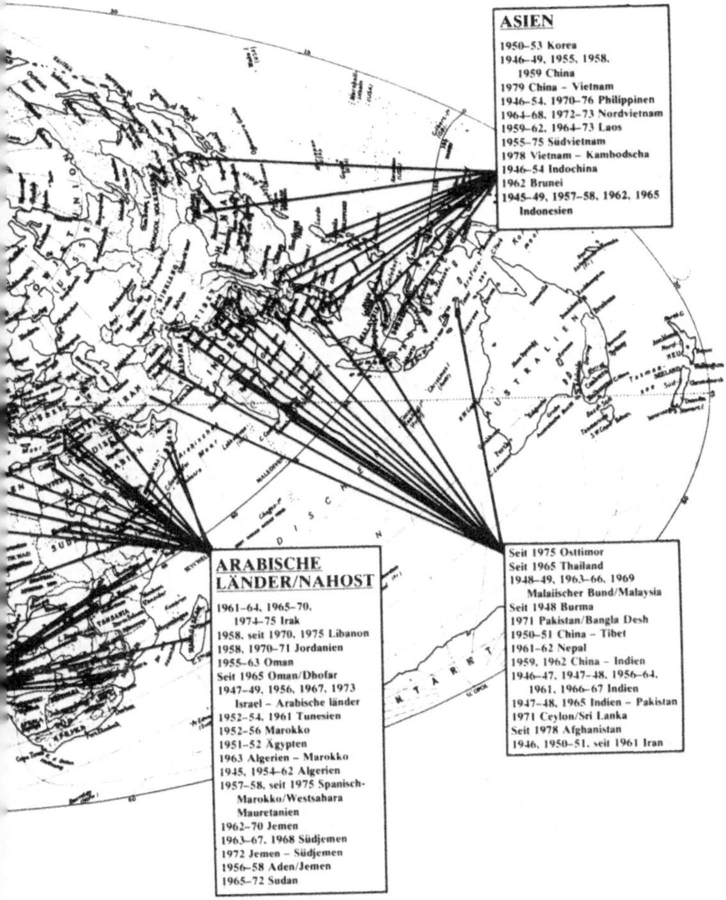

ASIEN
1950–53 Korea
1946–49, 1955, 1958, 1959 China
1979 China – Vietnam
1946–54, 1970–76 Philippinen
1964–68, 1972–73 Nordvietnam
1959–62, 1964–73 Laos
1955–75 Südvietnam
1978 Vietnam – Kambodscha
1946–54 Indochina
1962 Brunei
1945–49, 1957–58, 1962, 1965 Indonesien
Seit 1975 Osttimor
Seit 1965 Thailand
1948–49, 1963–66, 1969 Malaiischer Bund/Malaysia
Seit 1948 Burma
1971 Pakistan/Bangla Desh
1950–51 China – Tibet
1961–62 Nepal
1959, 1962 China – Indien
1946–47, 1947–48, 1956–64, 1961, 1966–67 Indien
1947–48, 1965 Indien – Pakistan
1971 Ceylon/Sri Lanka
Seit 1978 Afghanistan
1946, 1950–51, seit 1961 Iran
ARABISCHE LÄNDER/NAHOST
1961–64, 1965–70, 1974–75 Irak
1958, seit 1970, 1975 Libanon
1958, 1970–71 Jordanien
1955–63 Oman
Seit 1965 Oman/Dhofar
1947–49, 1956, 1967, 1973 Israel – Arabische länder
1952–54, 1961 Tunesien
1952–56 Marokko
1951–52 Ägypten
1963 Algerien – Marokko
1945, 1954–62 Algerien
1957–58, seit 1975 Spanisch-Marokko/Westsahara Mauretanien
1962–70 Jemen
1963–67, 1968 Südjemen
1972 Jemen – Südjemen
1956–58 Aden/Jemen
1965–72 Sudan

2.4 *Militärische Beistandspakte und Aktionen der Industrieländer in der Dritten Welt seit 1970*

	USA	UdSSR	Frankreich	Großbritannien
Zweiseitig beschlossene Beistandspakte bei einem Angriff auf das genannte Land von aussen	CENTO (Iran, Pakistan, Türkei) bis 1979; Südkorea, Taiwan bis 1979; Philippinen, SEATO (Pakistan, Philippinen, Thailand) bis 1973; Rio-Pakt (Argentinien, Bolivien, Brasilien, Chile, Kolumbien, Costa Rica, Dominikanische Republik, Guatemala, Haiti, Honduras, Mexiko, Panama, Paraguay, Peru, Uruguay, Venezuela, Barbados, El Salvador, Jamaica, Trinidad und Tobago)	Irak seit 1972; Ägypten 1971 - 76; Afghanistan, Indien ab 1971; Banghadesh, Mongolei Vietnam, Nordkorea, Kuba, VR China bis 1980; Angola ab 1976; Äthiopien ab 1978; Mosambique ab 1977;	Zentralafrikanische Republik, Gabun, Elfenbeinküste, Niger, Obervolta, Djibuti und Komoren ab 1978; SEATO bis 1973;	CENTO (Iran, Pakistan, Türkei) bis 1979; SEATO bis 1973; Malaysia, Singapur ab 1971;
Durchgeführte Militäraktionen der Industrieländer auf Ersuchen des betroffenen Landes in der Dritten Welt (Kriterium: Entsendung regulärer Truppen bei gleichzeitig stattfindenden Kampfhandlungen)	Kambodia; Vietnam bis 1973; (Zaire 1978, Lufttransportmittel)	Afghanistan 1979 -? Äthiopien 1977 -? Angola 1974 -?	Tschad bis 1979; Mauretanien 1977; Zaire 1977, 78; Tunesien 1980;	Oman, Belize 1972;

2.4 *Militärische Beistandspakte und Aktionen der Industrieländer in der Dritten Welt seit 1970*

Einseitig erklärter Militär"schutz"	"Carter-Eisenhower"-Doktrin, 1958 durch Eisenhower; 1980 durch Carter bestätigte Erklärung des Persisch-arabischen Golfes zur "lebenswichtigen Zone"	Zumindest im Westen wird die "Breschnjew Doktrin" (oder auch der Artikel der sowjetischen Verfassung von 1977, in dem von der Kooperation der sozialistischen Staaten im Rahmen des "sozialistischen Internationalismus" die Rede ist) so interpretiert, daß sozialistische Länder sozialistisch zu bleiben haben.	Das französische Militärprogramm sieht vor, auch zu rüsten, um Ländern zu helfen die "durch Verträge oder aber durch gemeinsame wirtschaftliche und kulturelle Interessen" mit Frankreich verbunden sind.	
Militärische Aktion ohne "Ruf" der betroffenen Regierung (ohne geheimdienstliche Aktionen)	Iran 1979 (Flottenverstärkung)	Afghanistan 1979 -?	Zentralafrikanisches Kaiserreich 1979	

* Eine Reihe von Verträgen sind nicht veröffentlicht, einige Angaben zweifelhaft.

Wichtige Quellen für Verträge usw.:
International Institute for Strategic Studies, Military Balance; Dupuy et al. The Almanac of World Military Power, 3rd ed. 1974.
Für militärische Auseinandersetzungen:
I. Kende, Wars of Ten Years (1967 - 76), in: Journal of Peace Research 3/78.

Quelle: epd-Entwicklungspolitik 5/80

2.5 *Militärische Interventionen der USA in der Dritten Welt*

US Military Intervention and Non-Intervention (outcome for intervening power: F = Failure; S = Success)

Area	*Circumstances*	
DIRECT US INTERVENTION		
Southeast Asia		
Vietnam (1965-73)	Civil War	F
Laos (1964-73)	Civil War	F
Cambodia (1970)	Civil War	F
Middle East		
Lebanon (1958)	Civil Conflct	S
Latin America		
Dominican Republic (1965)	Civil Conflct	S
US MILITARY INTERVENTION BY PROXY		
Southeast Asia		
Burma (1950-61)	Kuomintang (Taiwan) against Nu Govt	F
Indonesia (1958)	Separatists against Sukarno Govt	F
Middle East		
Iran (1953)	Shah (in exile) against Mossadegh Govt	S
Latin America		
Guatemala (1954)	Military Exiles against Arbenz Govt	S
Cuba (1961)	Exiles against Castro Govt	F
Chile (1973)	Armed Forces against Allende Govt	S
Africa		
Congo (1960)	President Kasavubu against Lumumba Govt	S
Angola (1976)	South Africa against Cubans: 'National Liberation' against 'Popular Movement'	F
US MILITARY INVOLVEMENT WITH REGIMES ENGAGED IN CIVIL CONFLICT		
South Asia		
Philippines (1947-52)	Huk Revolt	S
Thailand (1965-75)	Communist, Ethnic Insurgencies	?
S Vietnam (1959-65, 1973-5)		F
Laos (1959-61, 1973-5)		F
Cambodia (1970-5)		F
Middle East		
Jordan (1970)	Palestinians	S
Iran (1978-)	Populist upsurge	?
Latin America		
Argentina, Bolivia, Brazil, Colombia, Ecuado, Guatemala, Haiti, Nicaragua, Panama, Paraguay, Peru, Uruguay and Venezuela	Guerrilla movements in 1960s: substantial in Colombia, Guatemala, Peru, Uruguay, Venezuela	S
	Argentina	?
	Nicaragua	?
Africa		
Congo (1961-4)	Leftists, Secessionists	S
Portuguese Mozambique (1964-75)	Nationalists	F
Portuguese Angola (1950-75)	Nationalists	F
Ethiopia (1960-)	Ethnic-Secessionist	?
East Asia		
China (1945-9)	Communists	F

US INVOLVEMENT OR CONNIVANCE IN COUPS

Southeast Asia		
Thailand (1958, 1971)	Sarit; Thanom-Prapat	S
Cambodia (1970)	Lon Nol	S
Vietnam (1963)	Armed Forces	S
Philippines (1972)	Marcos, Martial Law	S
Latin America		
Brazil (1964) and Uruguay (1973)	Armed Forces: two major examples	S
East Asia		
South Korea (1972)	Park, Martial Law	S

Quelle: **John L. S. Girling, America and the Third World-Revolution and Intervention, London 1980 (entnommen aus: Third World Quarterly, Vol. H. No. 2, April 1980)**

2.7 Flüchtlingsbewegungen in Afrika

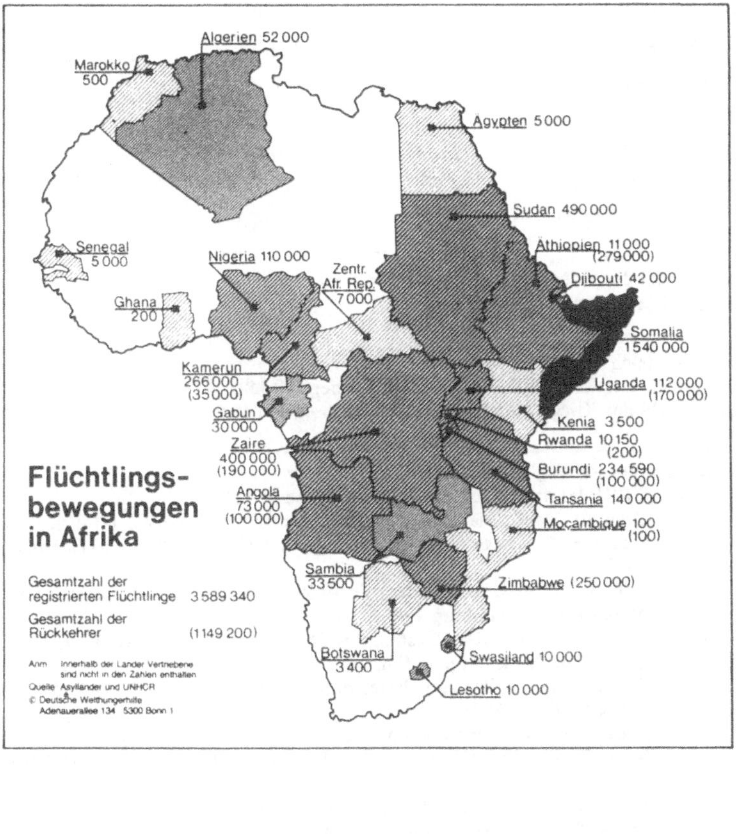

2.6 Kriegstote in der Dritten Welt seit 1945 (Gesamtverluste und Verluste ausgewählter Kriege)

Kriege (und Zeitraum)		**Zahl der Kriegstoten** (Grobe Schätzungen)
1.	Korea 1950-53	1,4 Mio
2.	Algerien 1954-62	0,5 Mio
3.	Indochina 1961-75	1,8 Mio
4.	Nigeria 1967-70	1,5 Mio
5.	Bangladesh 1971	1,3 Mio
6.	Kampuchea 1975-77	1,0 Mio
7.	Libanon 1975-78	50 000
8.	Eritrea 1961-81	50-100 000
9.	Ost-Timor 1975-79	100 000
10.	VR China/Vietnam 1979	30 000
11.	Mindanao (Philippinen) 1972-79	30 000
12.	Zimbabwe (Rhodesien) 1972-79	27-30 000
13.	Nicaragua 1978-79	40 000
14.	Afghanistan 1978-81	0,5-1,0 Mio
15.	Gesamtzahl der Kriegstoten in der Dritten Welt seit 1945 (zwei grobe Schätzungen):	a) 25-30 Mio b) 18-19 Mio
16.	Zum Vergleich Gesamtzahl der Kriegstoten im Ersten Weltkrieg: 12 Mio Gesamtzahl der Kriegstoten im Zweiten Weltkrieg: 56 Mio	

Quelle: (Zusammenstellung V. Matthies)

1-6: *SIPRI,* Warfare in an fragile world, London 1980.

7: Theodor Hanf, Die drei Gesichter des Libanonkrieges, in: Friedensanalysen 8: Kriege und Bürgerkriege der Gegenwart, Frankfurt/Main 1978

8: Volker Matthies, Der Eritrea-Konflikt, Arbeiten aus dem Institut für Afrika-Kunde, Hamburg 1981.

9-11: The Defense Monitor (Washington, D. C.), vol. VIII, no. 10, Nov. 1979.

12: Institut für Afrika-Kunde, Hamburg

13: Harald Jung, Nicaragua-Bereicherungsdiktatur und Volksaufstand, Frankfurt/Main 1980.

14: Deutsches Orient-Institut, Hamburg.

15a: Istvan Kende, Local Wars in Asia, Africa and Latin America, 1945-1969, Budapest 1972.

15b: Milton Leitenberg, A Survey of Studies of Post W. W. II Wars, Conflicts, and Military Coups, Cornell University, Center for International Studies, Peace Studies Program, 1977.

16: Milton Leitenberg, a.a.O.

2.9 Plädoyer für Gewaltanwendung in der Dritten Welt: Die Revolution als christliche Forderung in Nicaragua (Ernesto Cardenal)

Ich halte es für bedeutsam, daß dieser Friedenspreis mir, einem Mann zugesprochen wurde, der den bewaffneten Kampf seines Volkes verteidigt und besungen hat. Und es ist tatsächlich so, daß wir mit diesem Kampf den Frieden gesucht haben. Diesen Frieden haben wir jetzt errungen. Den wirklichen Frieden, der nicht nur Abwesenheit des Krieges bedeutet. Den Frieden, den die Hebräer Shalom nannten und der auch Gerechtigkeit ist, das friedliche Zusammenleben des einen mit dem anderen, wo jeder seinen Wein in Frieden erntet, die Aussöhnung mit dem Nächsten, die Brüderlichkeit. Diesen Frieden – Shalom – konnten die Menschen, der Bibel zufolge, auch mitten im Krieg haben. Es konnte sogar sein, daß wegen dieses Friedens Krieg geführt wurde. Es ist der Frieden Jesu, der seine Jünger mit dem Wort Shalom – „Der Friede sei mit euch" – grüßte, der aber auch sagte, er sei gekommen, das Schwert zu bringen. Es ist der Friede, den es ohne Gerechtigkeit nicht geben kann, der untrennbar mit der Gerechtigkeit verbunden ist. Es gibt einen Psalm, in dem es heißt: „Gerechtigkeit und Frieden küssen sich."

In meinem Land hat es eine Revolution gegeben, die dazu geführt hat, daß sich jetzt der Frieden und die Gerechtigkeit küssen. Es ist ein Frieden, der durch einen sehr harten Kampf erreicht wurde, einen Kampf, der Nicaragua zurückließ wie Deutschland nach dem Weltkrieg.

Es war falsch und verfehlt, daß sich gewisse Hirten der Kirche dazu hergaben, die Waffen der Unterdrücker zu segnen. Aber es ist etwas anderes und sogar völlig Gegensätzliches, die Waffen der Unterdrückten zu segnen. Zum ersten, weil die einen dazu dienen, die Unschuldigen anzugreifen, und die anderen, die Unschuldigen zu verteidigen. Und zum zweiten, weil es sich um sehr ungleiche Waffen handelt. Das Schwert Goliaths zu segnen ist nicht dasselbe, wie die Schleuder Davids zu segnen. Mir kommt dieser Vergleich in den Sinn, weil, während Somoza die aufständische Stadt León mit weißem Phosphor bombardieren ließ, der Bischof von León durchs Telefon und mitten im Bombenlärm dem Journalisten einer internationalen Nachrichtenagentur zuschrie: „Dies ist ein so ungleicher Kampf wie der zwischen David und Goliath." Aber genau wie in der Bibel besiegte in Nicaragua David den Goliath.

Es gibt Christen, die kompromißlose Pazifisten sind, vor allem in den Vereinigten Staaten, und einige von ihnen sind meine Freunde. Aber ihre Haltung stimmt nicht mit der Bibel überein. Die Bibel segnet das Schwert des Holofernes in dem Augenblick, in dem es von Judith geschwungen wird. Ein nordamerikanischer Jesuit, der ein Freund von mir und einer dieser kompromißlosen Pazifisten ist, schrieb mir einen offenen Brief, in dem er meine Verteidigung des sandinistischen Kampfes verurteilt und mir sagt, kein noch so hohes Prinzip wiege soviel wie das Leben eines einzigen Kindes. Ich habe ihm geantwortet, damit sei ich vollkommen einverstanden, die Sandinisten kämpften für das Leben von Tausenden von Männern und Frauen, Alten und Kindern, die Tag für Tag ermordet werden, und kein noch so hohes Prinzip, nicht einmal das des kompromißlosen Pazifismus, wiege soviel wie das Leben eines einzigen dieser Kinder.

Quelle: Rede anläßlich der Verleihung des Friedenspreises des Deutschen Buchhandels, entnommen aus: Frankfurter Rundschau vom 13.10.1980.

Regulierungsverfahren / **Konflikttyp**	*Gewaltsame Konflikt-Regulierung* (Sieg/Niederlage) Militär=Instrument	*Friedliche Konflikt-Regulierung* (Eliminierung der Konflikt-Symptome und/oder -Ursachen) Diplomatie/Politik=Instrument/Verhandlungen/Vermittlung	
			Vermittlung durch Dritte Parteien
Zwischenstaatliche Konflikte (Grenzkriege)	– begrenzte „Straf-Expedition“ (z. B. VR China/Vietnam) – Eroberung und Besetzung/Aneignung fremden Territoriums (z. B. Indien/Goa; Marokko/Westsahara; UdSSR/Afghanistan) – Abnutzungskrieg (z. B. Irak/Iran) – Siegreicher Grenz-Krieg (z. B. Äthiopiens Sieg über Somalia)	*Lösung der militärischen Probleme* – Feuereinstellung – Entmilitarisierte Zonen – Überwachungs- und Kontrollmaßnahmen *Lösung der politischen Probleme* – Klärung territorialer Fragen – Sicherheitsgarantien (z. B. Nichtangriffspakt) – Regelung personenbezogener Fragen (z. B. Flüchtlinge, Grenzverkehr) – Normalisierung der Beziehungen (Diplomatische Beziehungen, Kooperationsverträge) – Institutionelle Kontrollmechanismen – Reparationen	– Supermacht (z. B. USA zwischen Israel/Ägypten) – Vereinte Nationen (z. B. Israel/Arabische Staaten; Libanon) – Bewegung der Blockfreien (z. B. zwischen Iran/Irak) – Regionalorganisationen wie Arabische Liga, OAS, OAU (z. B. OAU zwischen Somalia/Äthiopien; Tschad) – Nachbarstaaten (z. B. Äthiopien im Südsudan-Konflikt)

Innerstaatliche Konflikte (Bürgerkriege)			
I. Anti-Regime-Krieg	Liquidierung oder – Dezimierung oder – Vertreibung einer Konfliktpartei (Extremform=„Völkermord") *Beispiele:* Mißerfolg verschiedener Guerilla-Gruppen in Lateinamerika Erfolg der Sandinisten gegen das Somoza-Regime in Nicaragua	*Lösung der militärischen Probleme* – Feuereinstellung – Truppenrückzug – Truppen-Demobilisierung – Amnestien/Garantien für ehemalige Kontrahenten – Schutzvorkehrungen für Personen und Sachen in den ehemaligen Kampfzonen – Überwachung all dieser Maßnahmen durch gemischte Militärkommissionen und/oder internationale Beobachter	*Lösung der politischen Probleme* – Auflösung der Kampfverbände der Kontrahenten bzw. deren Verschmelzung und Bildung einer neuen Regierung (z. B. Rhodesien/Zimbabwe) – Bildung einer Koalitions-Regierung (z. B. zeitweilig im Tschad und im Libanon) – Teilung des Staatsgebietes (de facto-Zustand im Libanon)
II. Sezessions-Krieg	*Beipsiele:* – Kurdenfrage – Biafra/Nigeria – Äthiopien/Ogaden-Somali *Erfolgreicher Sezessionskrieg*=Bangladesh gegen Pakistan		*Lösung der politischen Probleme* – Autonomiestatut (z. B. Südsudan; zeitweilig für Kurden) – Minderheitenschutz (begrenzte politische, ökonomische, kulturelle Rechte) – Sezession/Staatliche Unabhängigkeit (z. B. Bangladesh)

2.10 *Plädoyer für Gewaltverzicht in der Dritten Welt: Für gewaltlosen Widerstand in Brasilien (Helder Camara)*

SPIEGEL: Schon auf den Bischofskonferenzen von Medellín 1968 und Puebla 1979 wurde eine Veränderung der Gesellschaft gefordert. Wie soll sie denn aussehen, und wie will man die angestrebten Ziele erreichen?

CAMARA: Es ist nicht meine Aufgabe als Bischof, detaillierte technische Lösungen vorzuschlagen. Ich bin eher Experte für menschliche Fragen. Wir Kirchenmänner müssen christliche – und das heißt auch menschliche und ethische – Forderungen an die politische Ordnung stellen. Doch wir wollen keinen neuen theokratischen Staat schaffen. Gott hat den Menschen geschaffen, damit dieser an der Schöpfung weiterbaut, er hat uns dazu einen Teil seiner eigenen Intelligenz und seiner schöpferischen Fähigkeiten gegeben.

SPIEGEL: Seit Medellín rügt die Kirche die „institutionelle Gewalt" und die „Ideologie der nationalen Sicherheit". Das scheinen die Feindbilder der Befreiungs-Theologen zu sein. Könnten Sie erläutern, was sie bedeuten?

CAMARA: Wenn man die nationale Sicherheit als höchsten Wert festsetzt, dann ist das unserer Meinung nach Götzenverehrung. Es gibt nur einen höchsten Wert, nämlich Gott. Nationale Sicherheit als oberster Wert heißt: alles erlauben, was sie stützt. Auch entführen, foltern, morden. Wenn jemand einen anderen umbringt, dann ist das normalerweise ein Verbrechen. Aber wenn es im Namen der nationalen Sicherheit geschieht, wird es zum Gesetz.

SPIEGEL: Die Veränderung, der Kampf gegen diese institutionelle Gewalt, muß, so sagen Sie, gewaltlos sein. Halten Sie für möglich, wirkliche Veränals eine Kirche der Kompromisse. Aber Befreiungsbewegungen, die Gewalt üben, werden allzuleicht abhängig von der Unterstützung durch Großmächte. Ich kenne keine einzige Großmacht, die hilft und dann wieder abzieht. Sie bleiben, angeblich, um den Sieg zu festigen. Ha, ha, ha . . . Was als eine Befreiung erscheint, ist in Wirklichkeit oft nur ein Wechsel der Herrschenden.

SPIEGEL: Sie fordern also passiven Widerstand oder „aktive Gewaltlosigkeit", wie Sie es nennen?

CAMARA: Ja, die aktive Gewaltlosigkeit erfordert mehr innere Kraft als die Gewalt. Ich sage den Menschen in den Elendsvierteln: Eure Waffe ist eure Einheit. Andere werden kommen, um euch zu helfen gegen die Grundstücksspekulanten, die euch vertreiben wollen. Ihr derungen in Lateinamerika ohne Gewalt durchzusetzen?

CAMARA: O ja, wir machen doch diese Erfahrung, wenn man mit dem Volk arbeitet. Die Leute lassen sich nicht durch Gewalt provozieren. Es wäre viel leichter, gewaltsam zu reagieren, als passiven Widerstand zu leisten.

SPIEGEL: Der brasilianische Bischof Ivo Lorscheiter meinte jedoch, daß Gewalt in Extremfällen notwendig sei. Auch der von Rechtsextremisten ermordete Erzbischof Oscar Romero von San Salvador unterstützte die Guerilla. Der kolumbianische Priester Camilo Torres griff sogar selbst zur Waffe und starb im Kampf.

CAMARA: Ich respektiere alle, die nach ihrem Gewissen handeln. Und ich habe Hochachtung vor dem Märtyrer Romero. Eine verfolgte Kirche ist besser müßt nicht auf die Provokationen antworten, das wäre Selbstmord. Also demonstriert und singt, singt, singt! Und baut die abgerissenen Hütten wieder auf. Wenn die Multis und die Regierung sehen, daß wir standfest sind, daß wir weitermachen, daß die Kirche auf der Seite des Volkes ist, dann werden wir auch siegen.

Quelle: Der SPIEGEL, Nr. 45/81

3. Dritte Welt und internationale Sicherheit

3.1 Geopolitischer Vormarsch der Sowjetunion: Mythos oder Bedrohung?

Die Entwicklungstendenzen des weltweiten sowjetischen Einflusses von 1945 bis 1980

Einführung

Seit dem Zweiten Weltkrieg hat sich Amerika in eine Auseinandersetzung mit der Sowjetunion eingelassen, die erbittert genug geführt wird, um einen großen Teil unserer militärischen Ausgaben zu rechtfertigen; bis jetzt betragen sie insgesamt über zwei Billionen Dollar oder 10 000 Dollar für jeden Amerikaner.

Wir haben bisher noch kein militärisches Gefecht mit den Sowjets ausgetragen. Die Auseinandersetzung wurde größtenteils über Drittländer geführt, mit Hilfe der Diplomatie, der Entwicklungshilfe, durch den Handel und gelegentlich mit militärischen Interventionen. Seit die Sowjets in den vierziger Jahren des Jahrhunderts auf brutale Weise Osteuropa besetzten, haben viele Amerikaner gefürchtet, daß Subversion und Eroberung solange anhalten würden, bis entweder in der ganzen Welt prosowjetische Regierungen eingerichtet wären, oder aber daß durch unsere Anstrengungen die Pläne der Sowjets durchkreuzt würden.

In den vergangen 35 Jahren schienen Hunderte von Schlagzeilen diese Furcht zu rechtfertigen. Die kürzlich erfolgten Vorstöße der Sowjets in Afghanistan, Angola, Äthiopien und dem Süd-Jemen veranlaßte das ‚Wall Street Journal", zu schreiben: „Die Sowjetunion führt eine weltweite Offensive unter dem Schutz ihrer massiven militärischen Aufrüstung." Die führende Rolle bei der Verbreitung der Furcht vor einem „geopolitischen Vormarsch" der Sowjets spielte der frühere Außenminister Henry Kissinger.

Es zeugen jedoch viele Ereignisse aus Vergangenheit und Gegenwart von Rückzügen der Sowjets: man denke dabei an China, Ägypten und Somalia. Verwirrender gestaltet sich die Sache noch dadurch, daß viele neue Staaten geschaffen worden sind, alte Staaten den Namen geändert haben, und überall Hunderte von Parteien und Regierungen an die Macht kamen und wieder verschwanden. Selbst Experten haben Schwierigkeiten, das Ausmaß des weltweiten sowjetischen Einflusses im Blick zu behalten.

In dieser Ausgabe wollen wir eine Bestandsaufnahme vornehmen. Ausgehend von den Ereignissen der letzten 35 Jahre in der Welt haben wir folgende Fragen gestellt: Haben die Sowjets bleibende Gewinne gemacht? Wo, wann, und wie waren sie erfolgreich? Was waren die Gründe für ihre Mißerfolge? Welche Rolle haben die USA gespielt? Es ist notwendig, daß die Debatte über das komplexe Thema der Entwicklung des sowjetischen Einflusses auf mehr Informationen und Fakten gestützt wird, als dies bisher der Fall war. Wir hoffen, daß wir mit unserer Analyse einen Beitrag zu einer sachkundigen Diskussion leisten und eine bessere Grundlage zur Beurteilung des gegenwärtigen und zukünftigen sowjetischen Einflusses in der Welt schaffen.

Ein wichtiger Schluß, der gezogen werden kann, betrifft die Tatsache, daß eine Handvoll wichtiger Länder für fast alle wesentlichen Veränderungen des sowjetischen Einflusses in der Welt verantwortlich sind: China, Indien, Ägypten, Indonesien und in geringerem Ausmaß, der Irak. Die Erfolge oder Mißerfolge, die die Sowjets in diesen Ländern hatten, bilden den wahren Grund für den Aufstieg und Fall des Einflusses. *Die Unfähigkeit der Sowjets, langfristige Bündnistreue und Unterstützung durch wichtige Länder der Dritten Welt zu erhalten, erweist sich als die Hauptschwäche der Sowjetunion bei ihrem Versuch, ihren Einflußbereich auszudehnen.* Brachten auch die kleineren Länder wie Somalia und Guinea mindestens ebenso kraftvoll ihre Unabhängigkeit zur Geltung wie die größeren, so standen den bedeutenderen Ländern doch mehr Mittel und Möglichkeiten zur Verfügung, eigene Wege zu verfolgen und andere Schutzmächte anzuziehen.

Als letzte Folgerung aus dieser Studie über den Verlauf der sowjetischen Einflußnahme ergibt sich bei näherer Betrachtung der Entwicklung in den siebziger Jahren deutlich, daß keine Ausweitung des sowjetischen Einflusses stattgefunden hat. In diesem Zeitraum, in dem es doch so viele Schlagzeilen über die Niederlage der Amerikaner in Vietnam und angebliche sowjetische Erfolge in Afrika und dem Mittleren Osten gab, hat die Sowjetunion in Wirklichkeit ihren Einflußbereich nicht vergrößern können. Die Verluste der Sowjets in den siebziger Jahren entsprechen etwa ihren Gewinnen.

Die Supermächte und die Dritte Welt

Seit den vierziger Jahren haben die Sowjets ihren Einfluß in der Dritten Welt ausgeweitet, aber es ist ihnen nicht gelungen, irgendeinen Teil davon in eine Zone ihres alleinigen oder sogar beherrschenden Einflusses zu verwandeln. *Die Regierungen der Dritten Welt, einschließlich derer, die mit der Sowjetunion verbunden sind, sind eifersüchtig darauf bedacht, ihre Souveränität zu verteidigen, und dies ungeachtet einer etwaigen amerikanischen Präsenz oder der Drohung mit einer Intervention der USA.*

Die wissenschaftlichen Referenten Orah Cooper und Carol Fogarty vom CIA kommen zu dem Schluß: „Reduzierter westlicher Einfluß in Ländern der Dritten Welt hat nicht notwendigerweise zu einem entsprechenden Anstieg des sowjetischen Einflusses geführt. Oft haben neue Regierungen voller Sorge vor fremden Einflüssen antikolonialistische Positionen in eine stark nationalistische Politik übersetzt. Trotz der Absichten mancher Regierungen unterentwickelter Länder, ein ‚sozialistisches' System zu etablieren, wollten sie gewöhnlich ihre eigene Auffassung von Sozialismus verwirklichen und wurden von der sowjetkommunistischen Ideologie weder durch ökonomische noch militärische Hilfe angezogen."

Anstatt vom Mythos eines sowjetischen geopolitischen Vormarsches hypnotisiert zu werden, sollten die Amerikaner eher größeres Vertrauen in die Unabhängigkeit anderer Länder setzen. Man macht es sich zu einfach, wenn man, z. B. wie Zbigniew Brzezinski, behauptet: „Castro ist eine Marionette der UdSSR." Das ist eine genauso falsche Beobachtung wie die früheren amerikanischen Fehleinschätzungen über einen monolithischen sino-sowjetischen Block und die Kontrolle der Sowjets über China.

Die sowjetische Politik hat häufiger Zugeständnisse in bezug auf die Bedürfnisse der Länder der Dritten Welt gemacht, als daß deren Beschlüsse sich den Prioritäten der Sowjetunion unterworfen hätten. Steven Kaplan von der „Brookings Institution" stellt in seiner wichtigen Studie *Mailed Fist, Velvet Glove* über den politischen Gebrauch der sowjetischen Militärmacht fest, daß in der Dritten Welt „der Status der Sowjetunion typischerweise nicht der eines imperialen Oberherren, sondern der eines Gastarbeiters war." Der Haupterfolg der sowjetischen Anstrengungen lag darauf, andere Länder in die Lage zu versetzen, eine Politik, die sie ohnehin anstrebten, wirksamer zu verfolgen. Zum Beispiel versetzte angesichts der US-amerikanischen Ablehnung der Blockfreienpolitik ihre Unterstützung durch die Sowjetunion die Regierungen in die Lage, diese Politik weiterzuentwickeln. Indien und der Irak sind dafür bekannte Beispiele. So macht unter anderem auch die Mögichkeit sowjetischer Unterstützung es den USA schwerer, unliebsame Regime loszuwerden.

Die amerikanische Politik

Es ist wichtig zu wissen, daß die sowjetischen Rückzüge aus Gründen erfolgen, die größtenteils wenig mit entsprechenden amerikanischen Aktionen zu tun haben. Die Vereinigten Staaten hatten zwar manchmal versucht, wie z. B. im Mittleren Osten, die Sowjetunion durch diplomatische und andere Maßnahmen zu „vertreiben" oder zu verdrängen; im allgemeinen spielten die Aktionen der Amerikaner jedoch keine wichtige Rolle bei der Entstehung eines Konfliktes zwischen der Sowjetunion und ihren Verbündeten. Im Gegenteil, das drohende Verhalten Amerikas hat oft dazu beigetragen, die Beziehungen der Sowjets zu den betreffenden Ländern zu festigen. Das war z. B. sicherlich in Angola, Kuba und Vietnam der Fall.

Es mag Fälle geben, in denen es im Interesse Amerikas liegt, sich einer Einmischung der Sowjets in der Dritten Welt heftig zu widersetzen. Solche Aktionen müssen jedoch auf einem tiefen Verständnis der örtlichen Gegebenheiten und unserem eigenen nationalen Interesse beruhen, sowie die lokalen Möglichkeiten berücksichtigen. Aber im allgemeinen geht es gar nicht wirklich um die sowjetische „Bedrohung" in der Dritten Welt. Sowohl die Vereinigten Staaten als auch die Sowjetunion haben enorme und zunehmende Schwierigkeiten, die Ereignisse in der Welt zu kontrollieren. Die *Unangemessenheit* der sowjetischen Machtausübung auf eventuell abfallende Verbündete könnte ein größeres Problem sein als die sowjetische Dominanz. Vietnam ist heute ein Beispiel dafür. In den letzten Jahren hat es eine gefährliche Zunahme von lokalen zwischenstaatlichen Konflikten gegeben. Keine der beiden Supermächte ist in der Lage, durch militärische oder andere Mittel einen Zustand globaler Stabilität zu erhalten, der ihr zum Vorteil gereicht. Keine kontrolliert eine Einflußsphäre besonders erfolgreich.

Die Gelegenheiten für die Sowjetunion, Einfluß in der Dritten Welt zu gewinnen, waren oft Resultate einer fragwürdigen Politik der USA. Die Politik der USA in bezug auf Vietnam, den Mittleren Osten, Panama, die Minderheitsregierung in Südafrika und verschiedene ökonomische Angelegenheiten haben die USA tendenziell von der Dritten Welt isoliert. Wir sollten uns darüber im klaren sein, daß die Wahl einer bestimmten Politik Konsequenzen haben wird, die wir nicht mögen. Man kann einen Kuchen nicht gleichzeitig behalten und ihn aufessen, dies kann auch die Sowjetunion nicht. Auch sie hat das Problem, konfligierende politische Entscheidungen und Prioritäten in Einklang zu bringen. So waren die Sowjets z. B. unfähig, gleichzeitig gute Beziehungen zu Äthiopien und Somalia aufrecht zu erhalten.

Das wirkliche Problem der USA liegt in ihrem Verhältnis zu Veränderungen in der Welt und ihrem Zugang auf die Dritte Welt. Henry Kissinger und andere waren der Meinung, daß ein tiefer, natürlicher Antagonismus zwischen einem großen Teil der Dritten Welt und den USA besteht. Die jüngsten Ereignisse im Iran schienen das für viele Amerikaner zu bestätigen. So war z. B. kürzlich in einem Artikel der *Washington Post* zu lesen, daß „der Boden der Gemeinsamkeiten zwischen den USA und der Dritten Welt leider sehr schmal ist." Solche Einstellungen haben einem Konfrontationskurs in der Politik Vorschub geleistet, den die Regierung Carters glücklicherweise zu vermeiden suchte.

Es ist eine offene Frage, in welchem Ausmaß die USA ihre eigenen Interessen mit denen anderer Teile der Welt in Einklang bringen kann. Man sollte beachten, daß die antiimperialistische und antikoloniale Einstellung von Radikalen oft eher von ihrem Nationalgefühl als von einem rigiden Marxismus oder blinden Antiamerikanismus herrührt. Wenn behauptet wird, daß Länder, die mit den USA im Streit liegen, Marionetten der Sowjetunion sind, und man sich weigert, sich konstruktiv mit ihnen zu befassen, verstärkt dies ihre Entfremdung.

Ein Verhaltenskodex?

Da die Geschichte der sowjetischen Einflußnahme sehr wechselhaft ist, könnte man annehmen, daß sie keinen Hinweis auf die Zukunft bietet. Wird die Sowjetunion in der Zukunft risikobereiter und erfolgreicher sein? Verschiedene Spekulationen sind möglich, aber aus der Geschichte weiß man, daß in den letzten 30 Jahren wiederholt apokalyptische Voraussagen gemacht worden sind. Nach Brookings *Mailed Fist, Velvet Glove* läßt sich keine klare Verbindung zwischen dem Zustand des strategischen militärischen Gleichgewichts (und anderen militärischen Maßnahmen), und dem Umfang, in dem die Sowjets ihre militärische Macht politisch einsetzen, aufzeigen. Veränderungen „schienen nicht zu einer erhöhten politisch-militärischen Aktivität der Sowjets zu führen."

Sicherlich, es ist offensichtlich, daß die Sowjets sich heute in der Welt mehr engagieren als vor 20 oder 30 Jahren. Alle Länder müssen die Sowjetunion als Weltmacht in Betracht ziehen. Das Engagement der USA ist jedoch auch gestiegen. Die Gefahr eines bewaffneten Kampfes zwischen den USA und UdSSR in der Dritten Welt ist real. Aber die Situation ist nicht so anarchisch und durcheinander wie sie scheint. Sowohl die USA als auch die Sowjetunion haben gelegentlich Zurückhaltung und Vorsicht gezeigt. Die Sowjetunion hat manchmal Streitkräfte eingesetzt, nämlich in Situationen, wo durch den schnellen Abzug einer Kolonialmacht keine legitime Regierung bestand (Angola), oder wo die UdSSR die Position des Verfechters der Souveränität oder territorialen Integrität eines Landes der Dritten Welt einnehmen konnte (Äthiopien), oder um ein bestehendes marxistisches Regime an der Macht zu halten (Afghanistan). Die langfristigen Gewinne für die Sowjets erscheinen hierbei jedoch zweifelhaft und gering.

Ein sehr wichtiges Element des informellen „Verhaltenskodex" für die Supermächte in bezug auf die Dritte Welt ist die Bereitschaft, mit Mißerfolgen zu leben. Sowohl die Sowjets in Ägypten 1972, als auch die Amerikaner im Iran 1979 hätten Macht anwenden können, um ihre Vertreibung zu verhindern; sie taten es jedoch nicht. *Für die Supermächte ist es angesichts häufiger Rückschläge notwendig, Verluste ihres Einflußbereiches ohne Überreaktionen zu akzeptieren.* Die Erkenntnis der Unvermeidbarkeit von Höhen und Tiefen in der Einflußnahme, und die häufig zeitlich begrenzte Natur von Verlusten sollten bei Konfrontationen mit Veränderungen und Instabilität eine gewisse Gleichmut erzeugen. Die massive militärische Bewegung der Sowjets ins benachbarte Afghanistan erscheint so als eine unbesonnene Verletzung dieses Kodex.

Ein anderer Bestandteil des formlosen Verhaltenskodex sollte die Bereitschaft sein, ein übertrieben geopolitisches Herangehen an Ereignisse in der Welt zu unterdrücken, d. h., nicht alles, was auf der Welt geschieht, unter dem Blickwinkel der Rivalität der Supermächte zu sehen. Dieses „strategische" Denken führt unvermeidbar dazu, lokale Situationen zu verkennen und die Komponente des Konfliktes und der Verwicklung der Supermächte zu übertreiben. Sowohl die Regierung Carter als auch die Sowjetunion unter Breschnew haben, mit wichtigen Ausnahmen, versucht, die Art von Verknüpfungen von Ereignissen in der Welt, die die Lösung lokaler Probleme kompliziert und die Supermächte in einen unerwünschten Konflikt hineinzieht, zu vermeiden.

Es wäre sowohl für die USA als auch die Sowjetunion von Vorteil, wenn sie sich mehr auf die Lösung ihrer innenpolitischen Probleme konzentrieren würden, als zu versuchen, fremde Regierungen zu beeinflussen. Nachdem Breschnew und Kossygin Mitte der sechziger Jahre an die Stelle Chruschtschows traten, erklärten sie, daß die innere Entwicklung die wichtigste internationalistische Pflicht der UdSSR wäre. Angesichts der gegenwärtigen schwierigen Wirtschaftsprobleme der UdSSR erscheint diese innenpolitische Orientierung heute noch wünschenswerter als in den sechziger Jahren. Dasselbe gilt für die Vereinigten Staaten.

Quelle: The Defence Monitor, vol. 9, no. 1, Januar 1980, entnommen aus: Militärpolitik Dokumentation (Extra 2): USA-UdSSR. Supermächte zwischen Intervention und Selbstüberschätzung.

3.2 Kritik der amerikanischen Dritte-Welt-Politik: Ein Offener Brief an Präsident Reagan (Gruppe englischer Politiker und Wissenschaftler)

In den sechs Monaten seit der Bildung Ihrer Administration haben die Vereinigten Staaten gewichtige Veränderungen ihrer außenpolitischen Prioritäten angekündigt, die auf dem basieren, was mit „Eindämmung des Kommunismus" beschrieben wird. Mit Besorgnis betrachten wir die Erklärungen Ihrer Administration bezüglich der künftigen Beziehungen der Vereinigten Staaten zu ihren westlichen Verbündeten einerseits und zur Sowjetunion andererseits.

Wir sind besorgt darüber, daß die neue Bestimmtheit der Vereinigten Staaten sich vor allem auf Territorien und Länder bezieht, bezüglich derer weder die UdSSR noch die USA irgendein Recht zur Einmischung haben. Die am meisten von dieser neuen US-Außenpolitik betroffenen Völker sind nicht diejenigen der Vereinigten Staaten oder der Sowjetunion; stattdessen sind die sich entwickelnden Völker der Dritten Welt in den Brennpunkt dieser Auseinandersetzungen geraten.

Insbesondere bedauern wir die US-Politik gegenüber Mittel- und Südamerika, dem südlichen Afrika und dem Mittleren Osten, die im direkten Gegensatz zu dem Recht der Völker dieser Regionen steht, ihre sozialen, politischen und wirtschaftlichen Lebensbedingungen zu verändern, wenn sie diese als ausbeuterisch oder unterdrückend ansehen. Wir verurteilen Terrorismus, erkennen aber zugleich das Recht von Befreiungsbewegungen an, zu den Waffen zu greifen, wo politische Auseinandersetzungen kein Ende der wirtschaftlichen und sozialen Unterdrückung erreicht haben.

US-Pläne für direkte oder verdeckte Aktionen zur Destabilisierung unabhängiger Staaten sind weithin und überzeugend berichtet worden. Wir bedauern alle solche Pläne und erkennen das Recht souveräner Staaten an, im Einklang mit dem Völkerrecht ihre eigenen Außen- und Wirtschaftspolitiken zu verfolgen, ganz gleich, ob diese der US-Politik entgegenlaufen oder nicht.

Wir wenden uns gegen jegliche Aufrüstung anderer Länder außer für Zwecke der Selbstverteidigung und verurteilen die Lieferung von US-Waffen und Ausrüstungen, die, wie bereits geschehen oder künftig möglich, gegen die Zivilbevölkerung oder in offensiver Aktion gegen andere Staaten zum Einsatz kommen.

Wir rufen die Regierung der Vereinigten Staaten auf:

1. das Recht unabhängiger Staaten auf Nichteinmischung in ihre inneren Angelegenheiten zu achten;
2. das Recht unterdrückter Völker anzuerkennen, mit – wo immer möglich – friedlichen Mitteln für die Einsetzung unabhängiger, souveräner Regierungen zu arbeiten, die die Menschenrechte in ihren Territorien voll achten;
3. die Resolutionen der Vereinten Nationen zu respektieren, die sich auf die Befreiungskämpfe in Namibia, Südafrika, in der Westsahara und in Palästina beziehen, und nicht Regime zu unterstützen, die den Rechten dieser Völker direkt entgegenstehen;
4. die Gerechtigkeit des Ringens um eine Neue Weltwirtschaftsordnung anzuerkennen, und nachhaltig bei der wirtschaftlichen und sozialen Entwicklung der Dritten Welt zu helfen, einschließlich des Transfers von Technologie;
5. gemeinsam mit der Sowjetunion ein Programm für den vollständigen Abbau aller Militärstützpunkte auf ausländischem Boden und für die Beendigung jeglicher Militärpräsenz in ausländischen Territorialgewässern anzunehmen, baldmöglichst Abrüstungsgespräche aufzunehmen, beginnend mit Atomwaffen;
6. die wirtschaftliche und militärische Unterstützung von Regimen einzustellen, die nicht die UN-Charta respektieren und die Politiken verfolgen, die die grundlegenden Menschenrechte ihrer Bürger verletzen.

Quelle: The Times vom 24. Juli 1981 (Übersetzung: V. Matthies).

3.3 Menschenrechte und Militärhilfe in der amerikanischen Dritte-Welt-Politik (Kritik der amerikanischen Kirchen an der Reagan-Administration)

D. **Die neue Regierung verlangt von uns, daß Amerika nicht mehr überall als Anwalt der Menschenrechte auftritt.**

Seit eh und je waren menschliche Freiheit und Grundrechte ein Thema in der Geschichte der USA. Insbesondere seit Gründung der Vereinten Nationen 1945 ist Amerika einer der führenden Vertreter der Menschenrechte überall in der Welt gewesen, auch wenn wir uns in unserer eigenen Politik nicht immer so verhalten haben, wie wir es hätten tun sollen. Die vorige Regierung versuchte, Menschenrechte zur obersten Richtschnur der Außenpolitik zu machen. Aber dieses Bemühen soll jetzt aufgegeben werden.

Amerika wird nicht nur auf seine führende Rolle bei der Verteidigung von Menschenrechten verzichten — so unvollkommen diese Rolle auch gewesen sein mag. Das Land wird nicht nur seine Anstrengungen vermindern und sich anschicken, in diesem Bereich nicht mehr zu tun als alle anderen. Vielmehr verlangt die neue Regierung in einer beachtenswerten Wende, daß unser Land nun den Rückzug von der internationalen Verpflichtung zur Verwirklichung und zum Schutz der Menschenrechte anführen solle, und die Völker und Nationen, die Amerikas Verpflichtung geteilt haben und auf Amerikas Beständigkeit gehofft haben, im Stich lasse.

Neben anderen Konsequenzen dieses Rückschritts wollen die USA repressive Regimes in der ganzen Welt mit Militärhilfe unterstützen; sie heben Waffensanktionen gegen Südafrika auf; und sie widerrufen die Gesetzesbestimmung (Clark Amendment), die die heimliche Hilfe für die Guerilla-Organisation in Angola verbietet.

Die positive Verpflichtung für die Sache der Menschenrechte wird durch eine selektive Beschäftigung mit dem „Terrorismus" ersetzt. Wenn die Sorge über den Terrorismus — zugegebenermaßen ein ernstes Problem — die Begründung dafür abgibt, daß Repressionen in anderen Ländern unterstützt werden, dann können viele Amerikaner nur noch Angst um ihr eigenes Land bekommen. Dies besonders, wenn sie an die Hysterie der McCarthy-Ära zurückdenken, als im Namen der „nationalen Sicherheit" die Unterdrückung Andersdenkender in den USA gerechtfertigt wurde.

Quelle: Wort an die Kirchen des Leitungsausschusses des nationalen Kirchenrates in den USA, entnommen aus: Frankfurter Rundschau vom 16.9.1981

3.4 Kritik der US-Mittelamerikapolitik (durch Sozialwissenschaftler aus Lateinamerika, Nordamerika und Europa)

Die unterzeichnenden Mitglieder der Gemeinsamen Kommission für Lateinamerika-Studien des Social Science Research Council protestieren einstimmig und auf das Nachdrücklichste gegen die gegenwärtig von der Regierung der Vereinigten Staaten von Amerika verfolgte Politik einer verstärkten militärischen Präsenz in El Salvador und der Drohung mit militärischer Gewaltanwendung in Mittelamerika und im karibischen Raum.

Als Wissenschaftler aus drei Kontinenten – Lateinamerika, Nordamerika und Europa – bemühen sich die Mitglieder der Kommission um die Pflege und Verbreitung gesicherter Erkenntnisse über Lateinamerika in einer ständig größer werdenden akademischen Gemeinschaft. Voraussetzung und Grundlage dieser Bemühungen sind gegenseitige Achtung und die Freiheit von Forschung und Lehre. Der Rückgriff auf militärische Gewalt widerspricht diesen Grundüberzeugungen und bedroht sie. Wenn die Neigung zum Interventionismus nicht unverzüglich aufgehalten wird, wird sie sich auf ganz Lateinamerika auswirken und die repressivsten Tendenzen und Regime in der Region stärken. Wenn sich nicht bald besonnenere Stimmen durchsetzen, wird die gegenwärtige Politik der Regierung der USA das Klima der wissenschaftlichen Zusammenarbeit vergiften, die in vielen Ländern ohnehin schon nicht mehr gesicherten akademischen Freiheiten weiter schwächen und ebenso tragisches wie unnötiges Leiden von Menschen heraufbeschwören. Gewaltsame Lösungen werden lediglich zu größerer Gewaltsamkeit führen.

In den mehr als zwei Jahrzehnten ihrer Existenz hat die Kommission wissenschaftliche Arbeiten über alle Aspekte der lateinamerikanischen Realität gefördert. Die Ergebnisse der Forschung belegen, daß die gegenwärtige Krise in Mittelamerika in erster Linie das Resultat schon lange bestehender sozialer und ökonomischer Ungleichheit und des Fehlens politischer Lösungen ist, nicht aber Folge einer Intervention der Sowjetunion. Die Verdrehung der Wirklichkeit durch die derzeitige Regierung der USA zugunsten eines vereinfachten Klischees aus dem Arsenal des kalten Krieges und die Gefährlichkeit der gegenwärtigen Situation nötigen die Unterzeichner zu dieser ausdrücklichen Klarstellung.

Quelle: Frankfurter Rundschau vom 16.4.1981.

3.5 Die Sicherheit des Westens und die Sicherheitslage in der Dritten Welt (Bericht der Direktoren von vier westlichen Forschungsinstituten)

I. Warum dieser Bericht?

I.1. Die westlichen Nationen stehen am Anfang der schwierigen achtziger Jahre; sie sehen sich Herausforderungen gegenüber, die gewaltig und oft völlig neuartig sind.

I.2. Erstens ist die jetzt beginnende Periode, im scharfen Kontrast zu der erst zehn Jahre zurückliegenden Situation, als sich zu Beginn der siebziger Jahre Aussichten für Entspannung und erfolgreiche Rüstungskontrollverhandlungen abzeichneten, durch zunehmende Spannungen zwischen Ost und West sowie durch verstärkte militärische Bedrohungen der Sowjetunion in Europa wie auch in Regionen der Dritten Welt gekennzeichnet.

I.3. Zweitens sieht sich der Westen auch einer zunehmenden labilen und unbeständigen Dritten Welt gegenüber, von der er hinsichtlich seines wirtschaftlichen Überlebens immer stärker abhängt. Das gilt ganz besonders für die Golf-Region, die rund 15 % des US-amerikanischen, 60 % des europäischen (und über 70 % des japanischen) Erdölverbrauchs deckt. In der Tat hat die neue Bedeutung der Dritten Welt für die Sicherheit des Westens einen Punkt erreicht, wo eine massive und anhaltende Unterbrechung der Öllieferungen eine Weltwirtschaftskrise weit größeren Ausmaßes als die „große Krise" der dreißiger Jahre auslösen würde. Vor diesem Hintergrund kann die westliche Sicherheit nicht länger mit Ereignissen und Bedrohungen in der NATO-Region allein in Zusammenhang gesehen werden. Ebenso wenig ist es möglich, die europäische Sicherheit von Krisen zu trennen, die in anderen für den Westen lebenswichtigen Regionen aufbrechen.

IV. Die Sicherheitslage in der Dritten Welt

Definition westlicher Interessen

IV.4. Die akuteren Probleme ergeben sich auf zwei Gebieten. Die erste Gruppe von Problemen entsteht, wenn die Sowjetunion in enem Land der Dritten Welt interveniert und dessen Nachbarn entweder durch eigenen militärischen Druck oder stellvertretend etwa durch kubanische oder vietnamesische Streitkräfte bedroht. In den letzten Jahren haben wir eine beunruhigende Reihe solcher Interventionen in Afrika, im Mittleren Osten und in einigen Teilen Asiens erlebt. Die strategische Bedeutung solcher Aktionen wird im Westen unterschiedlich eingeschätzt, auf jeden Fall aber können solche Aktionen bestimmte westliche Interessen, etwa lebenswichtige Mineralressourcen gefährden.

IV.6. Die zweite Gruppe von Problemen taucht auf, wenn Europa und die Vereinigten Staaten zwar gemeinsam vitale Interessen in einem Gebiet teilen, aber sich nicht nur nicht darüber einigen können, wie diese Interessen am besten verteidigt werden sollen, sondern zusätzlich auch nicht darüber, wie die Kosten für ihre Verteidigung aufgeteilt werden sollen. Die wichtigste Region, die solche Probleme aufwirft, ist zur Zeit der Mittlere Osten und der Golf. Die Vereinigten Staaten, Europa und Japan teilen ein gemeinsames vitales Interesse, daß das Öl aus dem Mittleren Osten weiterfließt. Die Abhängigkeit Europas und Japans vom Öl des Golfs bedarf keiner weiteren Beschreibung. Es wäre jedoch völlig irreführend, die Sicherung der Ölversorgung aus dieser Region als eine ausschließlich europäische oder japanische Angelegenheit zu betrachten. Der Verlust dieser Quelle hätte auch für die Vereinigten Staaten fatale Konsequenzen, sowohl im Hinblick auf die amerikanische Wirtschaft wie auch auf die Tatsache, daß der Schlag, den die gesamte westliche Wirtschaft erleiden würde, die amerikanische Sicherheit im Kern treffen müßte. Es handelt sich nicht nur einfach um „europäisches Öl", das die Vereinigten Staaten im Mittleren Osten verteidigen sollten.

IV.7. Die Bedrohung der Versorgung erfolgt aus vier Stoßrichtungen:
– Die Bedrohung durch sowjetische Militärmacht: Diese russische Bedrohung der Golf-Region taucht in den vergangenen hundert Jahren nicht zum erstenmal auf. Angesichts der Geländeschwierigkeiten ist sie auch nach russischer Auffassung keinesfalls leicht in die Tat umzusetzen. In den letzten Jahren hat die Sowjetunion jedoch ihre Air-lift-Möglichkeiten stark verbessert und ihre Präsenz in und am Rande der Region verstärkt. Damit hat ihre Kapazität, Streitkräfte in die Region zu transportieren, erheblich zugenommen. Die Invasion Afghanistans beweist, daß die Sowjetunion bereit ist, diese Kapazität unter bestimmten Voraussetzungen einzusetzen. Darüber hinaus haben die iranische Revolution und der irakisch-iranische Krieg Bedingungen geschaffen, unter denen die Sowjetunion versucht sein könnte zu intervenieren (und unter denen sie dies leichter als in den Tagen des Schahs finden würde).
– Nationale und ethnische Rivalitäten: Die Spannungen, die den irakisch-iranischen Krieg ausgelöst haben, sind keineswegs die einzigen in der Region, die irgendwann zu offenen Feindseligkeiten und damit folglich auch zur Unterbrechung der Ölförderung führen können.

– Revolution oder innere Unruhen: Es gibt mindestens ein halbes Dutzend Staaten in dieser Region, deren Regime in der Perspektive der kommenden zehn Jahre als äußerst labil angesehen werden müssen. Jeder Aufruhr in einem dieser Staaten kann zu Unterbrechungen von Öllieferungen führen.
– Ein neuer arabisch-israelischer Krieg: Im Falle eines neuen Konflikts muß davon ausgegangen werden, daß der Westen wiederum Israel mit Nachschub versorgen würde, was die arabischen Staaten zumindest mit einem begrenzten Ölembargo gegen den Westen vergelten würden. Nicht nur das – selbst ohne Wiederaufnahme von Feindseligkeiten könnten sich weitere Fehlschläge bei der Lösung des palästinensischen Problems als chronischer Beitrag zur Instabilität der ganzen Region erweisen.

Die Rolle militärischer Macht

IV.8. Umstritten ist die genaue Rolle, die militärische Macht bei der Abschreckung solcher Bedrohungen oder in der Auseinandersetzung mit ihnen spielen könnte. Abgesehen davon, daß die Argumente von detaillierten vorstellbaren Szenarios abhängen, würde allein schon von einer westlichen militärischen Präsenz in manchen Ländern der Region ein positiver politischer Effekt und eine beruhigende Wirkung ausgehen. Im Westen ist die Überzeugung weit verbreitet, daß die Sowjetarmee in dieser Region mit einer starken westlichen Schlagkraft konfrontiert werden sollte. Das bedeutet nicht zwangsläufig eine in der Golf-Region permanent zu stationierende große westliche Präsenz, sondern vielmehr die Fähigkeit, im Fall einer umfassenden sowjetischen Invasion schnell eine beachtliche Streitmacht dislozieren zu können. Das Hauptargument zugunsten der Bereitstellung größeren Ausmaßes lautet, daß eine nur kleine Streitkraft nicht in der Lage wäre, die Stellung zu halten, ohne schon in einem frühen Stadium auf Nuklearwaffen zurückgreifen zu müssen. Das letztere ist nicht wünschenswert und möglicherweise wenig glaubwürdig. Auf der anderen Seite ist freilich festzuhalten, daß erstens auch eine substantielle Einsatztruppe geographisch schwer benachteiligt wäre und deshalb die Nuklearschwelle sowieso überschritten werden müßte, und daß zweitens die dazu erforderlichen großen Stützpunkte und die generelle „Zurschaustellung" der Streitkräfte, die einige der betroffenen Staaten zur Zeit nicht wünschen, die westliche Position in der Region erschweren würde.

Quelle: Die Sicherheit des Westens: Neue Dimensionen und Aufgaben (von Karl Kaiser, Winston Lord, Thierry de Montbrial, David Watt), Forschungsinstitut der Deutschen Gesellschaft für Auswürtige Politik e. V., Bonn 1981.

3.6 Joachim Betz: Der Westen und die Dritte Welt-Rückkehr zu einer neoimperialen Machtpolitik?

Das Interesse der Ausführungen in der Direktoren-Studie zur „Sicherheitslage in der Dritten Welt" gilt im Widerspruch zum breiten Titel nur den Ölstaaten am Persischen Golf und hier ausschließlich der bedrohten westlichen Ölversorgung. Die Gesamtheit der Dritten Welt ist für die Autoren letztlich belanglos und wird nur aus Gründen der Belegbarkeit der sowjetischen Aggressivität „mitgeschleppt". Die Ölversorgung des Westens ist nach der Studie unsicher wegen (1) möglicher militärischer Interventionen der Sowjetunion in der Golfregion, (2) nationaler Rivalitäten zwischen den arabischen Staaten, (3) innerer Unruhen und (4) der Möglichkeit eines neuen arabisch-israelischen Krieges. Diese Bedrohungen sollen allesamt militärisch durch die Stationierung einer gemeinsamen westlichen Eingreiftruppe im Nahen Osten abgeschreckt werden, von der eine „beruhigende Wirkung" erwartet wird.

Die Bedrohungsanalyse legt in ihren strategischen Empfehlungen das Hauptgewicht auf die Abschreckung der sowjetischen Aggression, die ganz offenbar für alle Übel in der Region und anderswo verantwortlich gemacht wird. Auch wenn man sich auf diese Optik einläßt, zeigt die Studie gravierende Mängel, die bei der Vorstellung denkbarer Konfliktszenarien deutlich werden:

Fall 1: Die Sowjetunion interveniert militärisch, um den Westen zu schwächen oder sich selbst das Öl der Golfregion zu sichern. Die zu letzterem notwendige Intervention, sofern sie für die UdSSR überhaupt möglich ist, bedürfte der Durchsetzung von Produktion und Transport des Öls gegen eine bestenfalls kooperationsunwillige Bevölkerung. Es darf dabei nicht vergessen werden, daß der UdSSR wie dem Westen auch friedliche Mittel der Energiesicherung (Importe, Erschließung der heimischen Ressourcen, Einsparungen) offenstehen. Soll dagegen lediglich der Westen von der Ölversorgung abgeschnitten werden, wäre die Bombardierung der Ölfelder vermutlich der einfachste Weg. Dagegen vermag die Eingreiftruppe keinen Schutz zu bieten. (Allerdings würde ein Angriff auf die Ölfelder für die Vereinigten Staaten den Kriegsfall bedeuten, weshalb die UdSSR sich militärisch am Golf allenfalls in der Eröffnungsphase eines Weltkrieges betätigen wird.)

Fall 2: In einem Land der Golfregion etabliert sich ein sozialistisches Regime. Wie die Erfahrung (Algerien, Libyen, Angola) zeigt, wird ohne größere interne Wirren die westliche Rohstoffversorgung dadurch nicht gefährdet. Gegenteilige Äußerungen haben meist weniger die Versorgungssicherheit, als vielmehr die politische Willfährigkeit der Lieferländer im Auge.

Fall 3: Anhaltende innere Unruhen oder lokale Kriege führen zur Einschaltung der UdSSR oder ihrer Stellvertreter. Dieser Bedrohungstyp stellt die eigentliche Gefährdung der westlichen Ölversorgung dar. Die internen Krisen selbst sind aber hausgemacht und nicht durch die UdSSR ferngesteuert. Sie vermag vor allem dann Nutzen aus ihnen zu ziehen, wenn sich die westlichen Staaten übermäßig mit einem gefährdeten und dann fallenden Regime verbunden hatten.

Es ist absurd anzunehmen, die Länder der Golfregion könnten auch nur ansatzweise mittels der vorgeschlagenen Eingreiftruppe innenpolitisch stabilisiert und regional befriedet werden. Denn die Truppe würde innere Unruhen geradezu schüren und als bequeme antiimperialistische Zielscheibe unterdrückte interne Frustrationen gegen den Westen richten. Zudem verpflichtet die Stationierung zur Unterstützung der aufnehmenden Regierungen um jeden Preis, womit gleich noch der Allianzwechsel nach einem eventuellen Umsturz vorprogrammiert ist.

Die innere Stabilität der strategischen Ölexportländer wird nach übereinstimmender Meinung aller Experten als gering eingeschätzt, was bei Anzahl und Stärke der potentiellen „troublemakers" im Lande (Religionsfanatiker, Palästinenser, Militär und partizipationshungrige Technokraten) auch nicht wunder nimmt. Die militärisch enge Bindung dieser Staaten an die USA und die Stationierung einer Eingreiftruppe würde mit Sicherheit die internen Konflikte verschärfen und möglicherweise eine vereinte oppositionelle Front der eben genannten Gruppen zuwege bringen.

Innenpolitische Stabilität kann durch militärische Mittel nicht – schon gar nicht von außen – langfristig erzwungen werden; sie wird allenfalls durch die Überwindung ungerechter Sozialstrukturen gefördert. Da aber auch dies kein Patentrezept darstellt, muß der Westen, zumal er bei den Ölstaaten auch nicht über die üblichen finanziellen Druckmittel verfügt, bei Strategien zur Sicherung der Ölversorgung tunlichst an der Senkung des Ölverbrauchs ansetzen. Hierzu liefert die Direktoren-Studie nur inhaltsleere Worte und – wohl als Rettungsanker – einen Hinweis auf die Kernenergie. Dabei bleibt unreflektiert, wie eine verfehlte und konfliktscheue interne Energiepolitik jene Abhängigkeit von den arabischen Ölquellen erst geschaffen hat, die man nun mit militärischen Mitteln glaubt absichern zu müssen.

Ebenso dürftig sind die Aussagen in der Direktoren-Studie zum israelisch-arabischen Konflikt (Fall 4), zu dessen Schlichtung oder Lösung man die eigentlichen Beiträge des Westens erwarten dürfte. Solche Beiträge sind allerdings wegen mangelnder Gemeinsamkeiten zwischen den Verbündeten unwahrscheinlich. Dabei macht gerade eine enge Bindung der Vereinigten Staaten an Israel für die Golfstaaten eine militärische Kooperation mit dem Westen zu einem auch innenpolitischen Abenteuer.

Kritischster Aspekt der Studie ist die Rechtfertigung einer neoimperialen Ausweitung des Sicherheitsstrebens, das die Entwicklungsländer zu beliebig manipulierbaren Instrumenten des Westens verkommen läßt. Offenbar haben sie jedes nur gewünschte Maß an Ölversorgung sicherzustellen, im Gefährdungsfalle ungefragt westliche Truppen aufzunehmen und sich damit selbst als Kriegsschauplatz anzubieten. Die Lektüre jüngster arabischer Verlautbarungen zeigt aber, daß diese Länder so nicht „geschützt" werden wollen.

Man nimmt auch überrascht zur Kenntnis, daß die Gefährdung der westlichen Sicherheit durch mangelnde Entwicklungsfortschritte, globale Umweltzerstörung und Hungerkatastrophen neuerdings offenbar kein Thema mehr ist. Konsequenterweise werden auch die Anliegen der Entwicklungsländer nach weltwirtschaftlichen Reformen nicht einmal erwähnt, geschweige denn ernst genommen. Ob aber die eigene wie die globale Sicherheit gewährleistet ist, wenn nur die Ölversorgung klappt, steht dahin.

Die strategischen Vorschläge der Direktoren-Studie zum Komplex Sicherheit und Dritte Welt, so muß man insgesamt resümieren, sind von dem Glauben gekennzeichnet, alles und jedes mit militärischen Mitteln erreichen zu können, sie sind logisch unzureichend, politisch/militärisch abwegig und insgesamt von jener kopflosen Aufgeregtheit gekennzeichnet, die die Lage des Westens mit Sicherheit verschlimmern würde.

Quelle: Frankfurter Rundschau vom 11.2.1981.

3.10 Abrüstung und Entwicklung – ausgewählte Initiativen im Rahmen der Vereinten Nationen

1953 In der Vollversammlungsresolution 724A(VIII) werden die Mitgliedsstaaten aufgefordert, Gelder aus Abrüstungsmaßnahmen unterentwickelten Ländern zukommen zu lassen

1955 Französischer Vorschlag, Ressourcen durch Reduzierung der Militärhaushalte unterentwickelten Ländern zugänglich zu machen, im Rahmen der Genfer Gipfelkonferenz gemacht, wird im Gefolge mit Resolution 914(X) der Vollversammlung an die Abrüstungskommission verwiesen

1956 Sowjetischer Vorschlag der Errichtung eines Entwicklungsfonds aus Umwidmung von Geldern, die vorher für den Militärhaushalt vorgesehen waren

1958 Erneuter erweiterter sowjetischer Vorschlag für einen Abrüstungs-Entwicklungsfonds der aus der Verringerung der sowjetischen, US-amerikanischen, britischen und französischen Militärhaushalte um 10-15 % finanziert werden soll

1962 Expertenbericht für die Vereinten Nationen mit dem Titel: "Die wirtschaftlichen und sozialen Konsequenzen der Abrüstung"

1964 Brasilianisches Arbeitspapier mit der Forderung, daß mindestens 20 % der Mittel, die durch die Abrüstung freizumachen sind, in einen Fonds für wirtschaftliche Entwicklung einzuzahlen sind

1969 In Resolution 2526(XXIV) der Vollversammlung werden die Mitgliedsstaaten aufgefordert, Ressourcen für die Zweite Entwicklungsdekade der Vereinten Nationen zur Verfügung zu stellen

1972 Expertenbericht: "Die wirtschaftlichen und sozialen Konsequenzen des Rüstungswettlaufs und der Militärausgaben" (A/8469/Rev.1) und Expertenbericht: "Abrüstung und Entwicklung" (ST/ECA/174)

1973 Sowjetischer Vorschlag, daß die Mitglieder des UN-Sicherheitsrates ihre Militärhaushalte um 10 % reduzieren und einen Teil der Mittel für Entwicklungshilfe zur Verfügung stellen sollen, wird mit der Resolution 3039B(XXVIII) der Vollversammlung angenommen

1976 In Resolution 31/68(XXXI) der Vollversammlung werden Mitgliedsstaaten und Generalsekretär der Vereinten Nationen aufgefordert, ihre Anstrengungen zur Verbindung von Abrüstung und Entwicklung zu verstärken

1977 Expertenbericht: "Die wirtschaftlichen und sozialen Folgen des Rüstungswettlaufs und seine äußerst schädlichen Auswirkungen auf Frieden und Sicherheit" (A/32/88)

1978 Sondervollversammlung der Vereinten Nationen zum Thema Abrüstung.
Einsetzung einer Expertengruppe, die unter Beizug von wissenschaftlichen Gutachten bis 1982 eine umfassende Studie zum Thema Abrüstung und Entwicklung zu erarbeiten hat

1982 Weitere Sondervollversammlung zur Abrüstung

Quelle: Michael Brzoska, Rüstung und Dritte Welt, München/Köln/London, 1981

3.12 Erwartete Wirkungen von Abrüstungsmaßnahmen in der Dritten Welt im bezug auf ..Entwicklungskontexte"

	Maßnahmen		
Kontexte	"Finanzielle" Abrüstung	Beschränkung der Rüstungstransfers	"Regionale" Abrüstung
Vorbildwirkung der Industrieländer	Signalfunktion durch Abrüstung in Industrieländern	Förderung der Unabhängigkeit der Länder in der Dritten Welt in Bezug auf Industrialisierungsmuster und Gesellschaftsausrichtung	Einschränkung der Bedrohungsperzeption
Machtabsicherung nach innen und außen	Möglicherweise Veränderung des internen Machtgleichgewichtes		Wegfall der Rüstung gegen einen "äusseren" Feind
Ressourcen	Zur Verfügungstellung von finanziellen Mitteln zur Befriedigung von Grundbedürfnissen oder Förderung des Wachstums Verringerung sozialer Spannungen	Verminderung der Belastung der Devisenbilanz Verbilligung der Industriegüter aus den Industrieländern	Verminderte Ressourcenbelastung
Fremdbestimmung	Indirekter politischer Handlungsspielraum vergrößert	Fremdbestimmung inhaltlich verändert; Zwang eigene Militärdoktrinen zu entwickeln	regionale Integration förderlich für kollektive Selbstbestimmung

Quelle: Michael Brzoska, Rüstung und Dritte Welt, Köln/München/London 1981

3.7 *Zweiseitig beschlossene Beistandspakte und/oder militärische Kooperationsabkommen (in den siebziger Jahren)*

U S A	U d S S R	Frankreich	Großbritannien
NATO:	Irak seit 1972	Benin	Bahrain (1971)
Griechenland und	Syrien (1979)	Kamerun (1974)	Quatar (1971)
Türkei	Südjemen (1979)	Zentral Afr. Repub.	Vereinigte Arab.
CENTO(bis 1979):	Ägypten (1971-1976)	Tschad	Emirate (1971)
Iran	Äthiopien (1978)	Congo	CENTO:
Pakistan und	Angola (1976)	Gabun (1974)	Iran
Türkei	Mosambik (1977)	Elfenbeinküste	Pakistan
Äthiopien (bis 1977?)	Somalia (bis 1977)	Madagaskar	Türkei
Ghana (1972)	Afghanistan	Mali (beendet)	Kenia
Kenia (1980)	Indien (1971)	Mauretanien	SEATO:
Liberia (1972)	Bangladesh	Niger	Pakistan
Mali (1972)	Mongolei	Senegal (1974)	Philippinen
Niger (1962)	Nordkorea	Togo	Thailand(bis 1973)
Senegal (1962)	Vietnam	Ober Volta	Malaysia (1971)
Zaire (1972)	Kuba	Zaire	Singapur (1971)
Somalia (?)		Djibutti (1978)	
SEATO:		Komoren (1978)	
Pakistan			
Philippinen			
Thailand(bis 1973)			
Pakistan			
Indonesien			
Taiwan (bis 1979)			
Südkorea			
Philippinen			

RIO-PAKT: Argentien Bolivien Brasilien Chile Kolumbien Costa Rica Dominikan. Repub. Guatemala Haiti Honduras Mexiko Panama Paraguay Peru Uruguay Venezuela Barbados El Salvador Jamaica Trinidad und Tobago (seit 1947) Panama (1903/1979) Kuba (über dieGuantanamo Bay)			

Quelle: 1) International Institute for Strategic Studies, Military Balance 1980/81
2) Michael Brzoska, Militärische Beistandspakte, in: epd – Entwicklungspolitik Nr. 5/1980
3) Depuy (Hrsg.) The Almanac of World Military Power, 1974[3]

Entnommen aus: Peter Lock/Herbert Wulf, Die militärische Basis der Regionalkonflikte, in: K. M. Khan/V. Matthies (Hrsg.), Regionalkonflikte in der Dritten Welt, München/Köln/London 1981

3.8 Intra-regionale Konflikte in Afrika und die Rolle der OAU (1963-79)

Conflict/Parties	Issue	Role of OAU	Outcome
Algeria/Morocco (1963-5)	Territorial	Legitimization of cease-fire Establishment of contacts Providing neutral place for negotiations	Bilateral settlement
Dahomey/Niger (1963)	Territorial	None (considered by UAM)	Settled by UAM mediation
Ethiopia/Kenya/Somalia (since 1964)	Territorial	Call for cease-fire (1964) Providing neutral place for negotiations (1967) Good Offices Committee (1973)	Continues
Ghana/Upper Volta (1964-5)	Territorial	Attempt to mediate Pressure on Ghana	Settled (Withdrawal Ghana)
Equatorial Guinea/Gabon (1972)	Territorial	Assistance in negotiations Border Commission	Situation 'calmed down'
Ghana/Neighbouring Countries	Subversion	Attempt to mediate (1965)	Terminated by coup d'état in Ghana
Rwanda/Burundi (1966-73)	Subversion	Attempt to mediate Mediation Committee (1973)	'Calmed down'
Ghana/Guinea (1966)	Arrest of diplomats	Investigation by Council of Ministers Pressure on Ghana	Release negotiated by three Heads of State
Guinea/Ivory Coast (1966-7)	Subversion	Legitimization of mediation attempt/President Tubman	Settled
Guinea/Senegal (since 1971)	Subversion	Mediation Committee (1971)	'Calmed down'
Tanzania/Uganda (1972)	Subversion	Providing neutral place for negotiations (1973) Support for Somalian attempt to mediate	Settled

Nigeria (Biafra) (1967-70)	Secession	Support for Central Government Attempt to mediate	Terminated by military victory
Sudan (1964-71)	Attempt secession	None	Settled (partial mediation Ethiopia)
Kenya/Uganda (1976-7)	Territorial	Mediation	'Calmed down'
Angola (1975-6)	Struggle for political power	Special Summit Meeting	Settled by military victory
Western Sahara (since 1977)	Territorial	Mediation; also by OAU Commission	Continues
Zaire (Shaba) (1977-8)	Riots and uprising	None	Latent continuation
Egypt/Libya (1977)	Territorial	Attempt to mediate	Bilateral settlement
Chad (1977-9)	Civil war	Assigned mediation under Nigerian Chairmanship	Settled
Upper Volta/Mali (1977)	Territorial	Mediation by OAU Commission	Settled
Sudan/Ethiopia (since 1977)	Territorial	Formation of Commissions	Continues
Uganda/Tanzania (1979)	Territorial	Mediation	Settled by military victory
Southern Africa (since late sixties)	Independence	Support for nationalist movements	Eventual achievement of independence by all; except at present Namibia and the blacks of South Africa

Quelle: Nosa-Ola Obaseki, Conflict Resolution in Africa: What Role for International Organization? in: R. Jütte/A. Grosse-Jütte (eds.), The Future of International Organization, London 1981.

3.9 *Merkmale alternativer Militärkonzepte in Entwicklungsländern*

Militärkonzept / Kriterien des Militär- und Rüstungsbereichs	TECHNISIERTE ARMEE:	VOLKSARMEE/MILIZSYSTEM:
	konventionell, mit Industrieländern assoziiert	eigenständig, von Insutrieländern dissoziiert
1. Haushalt	hoch, hohe Devisenaufwendungen	niedrig, kaum Devisenaufwendungen
2. Infrastruktur	umfangreicher, spezialisierter Aufbau	kaum spezielle militärische Ausrichtung, Logistik kaum erforderlich
3. Waffen und Gerät	kapitalintensive, moderne importierte Trägersysteme; einfache Waffen werden lokal montiert und produziert, teils exportiert; Kampfflugzeuge und Kriegsschiffe mit großem Aktionsradius, mobile Panzerverbände	einfach, möglichst wenig importiert; diversifizierte Lieferbeziehungen; Waffen werden teils lokal produziert; Luftwaffengerät zur Flugabwehr, Marinegerät zum Küstenschutz, leichte Infanteriewaffen
4. Spezialisten aus Industrieländern	zahlreich	keine
5. militärisch-rechtliche Außenbeziehungen	Allianzmitgliedschaft, bilaterale Abkommen, häufig keine formalen Bindungen, aber mit der Perspektive, Hilfe von außen zu erhalten	prinzipiell neutral, Nichtangriffspakte

6. Streitkräfte	Berufsarmee, Spezialtruppen in Heer, Marine und Luftwaffe	Miliz, personalintensiv, nicht nach traditionellem Streitkräftemuster untergliedert; stark an den Funktionen im Produktionsprozeß ausgerichtet (mobile Infanterie, Betriebsschutz etc.)
7. Mobilmachung	permanente Bereitschaft des Berufsheeres; begrenzte Zahl von Reservisten; Dislozierung von Truppenverbänden an Fronten	geringe Zahl in Friedenszeiten in Bereitschaft; totale Mobilisierung im Konfliktfall; die Bevölkerung wird für die Verteidigung in Gebieten ausgebildet, in denen sie lebt und arbeitet
8. Entscheidungsstruktur in den Streitkräften	hierarchisch, zentralisiert	demokratisch, denzentralisiert
9. Strategische Ziele	defensiv und offensiv ausgerichtet mit Präventivschlagkapazität	reaktiv-defensiv, territoriale Verteidigung zur Verhinderung von Okkupation
10. Bedeutung des Militärischen	Funktionsausweitung des Militärs	fast die gesamte Gesellschaft ist einbezogen

Quelle: Herbert Wulf, Rüstungsimport als Technologietransfer, München/London, 1980

3.11a *Grundsätze und Ziele der blockfreien Staaten für eine allgemeine und vollständige Abrüstung – 1. Gipfelkonferenz Belgrad 1961*

Abrüstung	Gebieterische Notwendigkeit und dringlichste Aufgabe der Menschheit. Eine radikale Lösung des Problems ist beim gegenwärtigen Stand der Aufrüstung eine dringende Notwendigkeit und kann nur durch eine *allgemeine, vollständige Abrüstung* unter strenger internationaler Kontrolle erreicht werden.
Allgemeine und vollständige Abrüstung: Elemente	Abschaffung von Streitkräften – Rüstungen – ausländischen Stützpunkten – Waffenproduktion – Institutionen zur militärischen Ausbildung (Ausnahme: Wahrung der inneren Sicherheit).
	Vollständiges Verbot nuklearer, thermonuklearer, bakteriologischer, chemischer Waffen (Produktion, Besitz, Einsatz).
	Abschaffung aller Massenvernichtungswaffen (Ausrüstungen und Einrichtungen zur Lieferung, Stationierung und Anwendung).
Weltraum	Friedliche Nutzung – Internationales Organ zur internationalen Zusammenarbeit.
Abkommen über allgemeine und vollständige Abrüstung	Aufforderung an Großmächte zur unverzüglichen Unterzeichnung eines Abkommens.
	Beteiligung blockfreier Staaten in den Organen eines wirksamen Inspektions- und Kontrollsystems.
Demokratisierung der Abrüstungsverhandlungen	Repräsentation blockfreier Staaten in allen künftigen Abrüstungskonferenzen.
	Schirmherrschaft der Vereinten Nationen über alle Diskussionen zu Fragen der Abrüstung.
Abrüstungsverhandlungen: Foren	Sondertagung der Generalversammlung der Vereinten Nationen oder Weltabrüstungskonferenz unter Schirmherrschaft der Vereinten Nationen.
Ressourcentransfer	Durch verminderte Rüstungsausgaben freiwerdende Mittel sollen für friedliche wirtschaftliche/gesellschaftliche Entwicklung der Menschheit eingesetzt werden.
Nuklearwaffen, Sofortmaßnahmen	Abkommen zum Verbot aller Versuche mit nuklearen/thermo-nuklearen Waffen – Unmittelbarer Beginn von Verhandlungen.
	Moratorium für alle Versuche mit nuklearen Waffen.

Quelle: Rüdiger Jütte, Blockfreiheit und Abrüstung, in: Internationale Entwicklung 1981/II

3.11b Blockfreien-Vorschläge für das Aktionsprogramm Abrüstung – Generalversammlung der Vereinten Nationen über Abrüstung 1978

Priorität	Abrüstungsbereiche / Begleitende Maßnahmen	Aktionsprogramm: Sofort-Maßnahmen	Aktionsprogramm: Begleitende Maßnahmen	Aktionsprogramm: Reduktion / Abschaffung
(1)	**Nukleare Waffen(-Systeme)**			Graduelle Reduktion / Abschaffung
	Weiterentwicklung – Tests von Nuklearwaffen – Forschung und Entwicklung – Produktion spaltbaren Materials	Beendigung		–
	Stationierung	Einfrieren		–
	Einsatzverzicht – gegen Nicht-Nuklearstaaten – allgemein	–	Verbot / Verzicht	–
	Weiterverbreitung	–	Univ. Inspektion	–
	Nuklearwaffenfreie Zonen / Friedenszonen	Anerkennung / Beachtung	Ausweitung	–
(2)	**Chemische und bakteriologische Waffen** Entwicklung, Herstellung, Lagerung	Verbot		Vernichtung
(3)	**Brandwaffen** – Einsatz	Einsatzverbot		Abschaffung
(4)	**Nicht-nukleare Massenvernichtungswaffen** Entwicklung, Herstellung	Verbot		Abschaffung
(5) / (6)	**Andere (konventionelle) Waffen** **Streitkräfte**	–		Graduelle Reduktionen
	Militärstützpunkte auf fremden Territorien	Verbot Neueinrichtung		Vollständige Auflösung
	Gewaltverzicht		x	
	Regionale Abkommen zur Verringerung von Rüstungen / Streitkräften		x	
	Verringerung der Militärhaushalte		x	
	Stärkung der UN-Friedenssicherung / Internationale Verhaltensprinzipien		x	

Quelle: Rüdiger Jütte, Blockfreiheit und Abrüstung, in: Internationale Entwicklung 1981/II

4. Deutsche Rüstungsexporte in die Dritte Welt

4.1 Politische Grundsätze der Bundesregierung für den Export von Kriegswaffen und sonstigen Rüstungsgütern vom 16. Juli 1971

"In dem Bestreben,
im Rahmen der internationalen und gesetzlichen Verpflichtungen der Bundesrepublik Deutschland den Export von Rüstungsgütern am Sicherheitsbedürfnis und außenpolitischen Interesse der Bundesrepublik Deutschland zu orientieren, durch seine Begrenzung und Kontrolle einen Beitrag zur Sicherung des Friedens in der Welt zu leisten und dementsprechend auch auf Beschlüsse internationaler Institutionen grundsätzlich Rücksicht zu nehmen, die eine Beschränkung des internationalen Waffenhandels unter Abrüstungsgesichtspunkten anstreben, hat die Bundesregierung folgende Grundsätze für den Export von Kriegswaffen und sonstigen Rüstungsgütern beschlossen:

I. NATO-Länder (Geltungsbereich des NATO-Vertrags, Artikel 6)
Der Export von Kriegswaffen und sonstiigen Rüstungsgütern in NATO-Länder hat sich an der Erhaltung der Verteidigungskraft des Bündnisses und damit an dem Verteidigungsinteresse der Bundesrepublik Deutschland zu orientieren. Er ist grundsätzlich nicht zu beschränken. Aus besonderen politischen Erwägungen kann in Einzelfällen der Export von Kriegswaffen und sonstigen Rüstungsgütern beschränkt werden. In NATO-Länder gelieferte Kriegswaffen dürfen grundsätzlich nicht außerhalb des Geltungsbereichs des NATO-Vertrages verbracht werden. Hinsichtlich des Endverbleibs ist, in Anlehnung an die Praxis anderer NATO-Länder gegenüber der Bundesrepublik Deutschland, anzustreben, daß an NATO-Länder gelieferte Kriegswaffen in relevanten Fällen nur mit dem schriftlichen Einverständnis der Bundesregierung aus dem Geltungsbereich des NATO-Vertrages verbracht werden dürfen.

II. Nicht NATO-Länder
Als ein weiterer Beitrag zur Sicherung des Friedens in der Welt soll der Export von Kriegswaffen in die Länder außerhalb des atlantischen Bündnisses grundsätzlich unterbleiben. Der Export sonstiger Rüstungsgüter ist soweit wie möglich zu beschränken.
1) Länder der Länderliste C der Außenwirtschafts-VO +): Keine Kriegswaffen. Sonstige Rüstungsgüter können mit einstimmiger Zustimmung der COCOM-Mitglieder ausgeführt werden.
2) Länder in Spannungsgebieten (Festlegung durch das auswärtige Amt): Keine Kriegswaffen. Auch Genehmigungen für sonstige Rüstungsgüter sind zu versagen, wenn eine Störung des friedlichen Zusammenlebens der Völker oder eine erhebliche Störung der auswärtigen Beziehungen der Bundesrepublik Deutschland zu befürchten ist.
3) Sonstige Länder: Keine Kriegswaffen, es sei denn, daß Ausnahmen allgemeiner Art festgelegt oder Ausnahmegenehmigungen in Einzelfällen auf Grund besonderer politischer Erwägungen (nur mit amtlichen Endverbleibsnachweis) erteilt werden. Für sonstige Rüstungsgüter werden Genehmigungen nur erteilt, soweit die im Rahmen der entsprechenden gesetzlichen Vorschriften zu schützenden Belange nicht gefährdet sind.

+) Die Länderliste C führt zur Zeit folgende Länder auf: Albanien, Bulgarien, Nord-Korea, Nord-Vietnam, Mongolische Volksrepublik, Polen, Rumänien, Sowjetunion, Tschechoslowakei, Ungarn, Volksrepublik China (COCOM-Liste) sowie Kuba.

COCOM: Coordinating Committee for East/West Trade Policy (Umfaßt die Länder der NATO und Japan).

Die DDR wird gleichbehandelt."

Quelle: Militärpolitik Dokumentation Heft 18/1980 (Rechtliche Grenzen von Rüstungsproduktion und Rüstungshandel)

4.2 *Grundlagen für die Genehmigungspraxis für den Export von Rüstungswaren (Bereich der Bundesrepublik)*

		„Politische Grundsätze für den Export von Kriegswaffen und sonstigen Rüstungswaren", am 16.6.1971 von der Bundesregierung verabschiedet, bei Lieferung an:			
	Gesetzliche Regelungen	NATO-Mitgliedsstaaten	den NATO-Staaten gleichgestellte*	Spannungsgebiete	sonstige Länder
„Rüstungsgüter" gemäß Anlage zur Außenwirtschaftsverordnung (AWV)	Genehmigungspflicht nach § 5 I AWV i. V. m. § 7 Außenwirtschaftsgesetz; Genehmigungsbehörde: Bundesamt für gewerbliche Wirtschaft	Versagung von Genehmigungen nur in Ausnahmefällen, wenn besondere politische Erwägungen vorliegen	wie NATO-Mitgliedsstaaten	Keine Genehmigungen, wenn Störung des friedlichen Zusammenlebens der Völker oder eine erhebliche Belastung der auswärtigen Beziehungen der Bundesrepublik zu erwarten ist.	Keine Genehmigungen, wenn bundesdeutsche sicherheits- oder außenpolitische Interessen gefährdet werden
„Kriegswaffen" gemäß Anlage zum Kriegswaffenkontrollgesetz (KWKG)	Genehmigungspflicht nach § 3, III i. V. m. I + II KWKG; Genehmigung durch Bundesregierung bzw. von ihr beauftragte Ministerien	keine zusätzlichen Regelungen	keine zusätzlichen Regelungen	Grundsätzlich keine Genehmigung	Genehmigungen nur im Einzelfall aus besonderen politischen Erwägungen

* zur Zeit: Australien, Irland, Japan, Neuseeland, Österreich, Schweden, Schweiz, Spanien.

Quelle: Michael Brzoska, Bundesdeutsche Rüstungsexporte in die Dritte Welt, in: B. Moltmann (Hrsg.), Militarismus und Rüstung, Heidelberg 1981

4.3 Genehmigungsweg für kommerzielle Rüstungsexporte

* Ständige Mitglieder: Außen-, Innen-, Finanz-, Wirtschafts-, und Verteidigungsminister, sowie Bundeskanzler als Vorsitzender

Quelle: Michael Brzoska, Bundesdeutsche Rüstungsexporte in die Dritte Welt, in: B. Moltmann (Hrsg.), Militarismus und Rüstung, Heidelberg 1981

4.4 Empfängerländer bundesdeutscher Rüstungstransfers – Nicht NATO-Staaten

Land	Lieferungen laut ACDA 1967-76 (1) in Mio DM	Lieferungen laut ACDA 1973-77 (2) in Mio DM	Lieferungen laut „Zusammenfassender Überblick ..." von (3): Kriegswaffen in Mio DM, 1974-78	Sonst. Rüstungsgüter, in Mio DM 1976-78	Waffen	Teilen von Waffen	Fertigungsunterlagen	Fabrikationsanlagen
Ägypten	345	350						x
Äthiopien	15	10						x
Afghanistan	–	–			x			
Algerien	395	530				x		
Angola	–	25			– – –	– – –	– – –	– – –
Argentinien	150	75	120	434	x	x	x	x
Bangladesh	–	–			x	x		x
Bolivien	–	–			x	x		x
Brasilien	100	75			x	x		x
Brunei	–	–			x	x		
Burma	15	25			x	x		x
Burundi	15	10			– – –	– – –	– – –	– – –
Chile	5	–			x			
Ecuador	65	200	321		x	x		x
El Salvador	5	–			x	x		
Ghana	115	25				x		
Guatemala	–	–				x		
Guayana	–	–			x			
Hongkong	–	–			x	x		
Indien	30	25				x		x
Indonesien	15	10			x	x		x
Irak	115	150				x		
Iran	900	1000	120	960	x	x	x	x
Israel	15	–			x	x		x
Kamerun	15	–			– – –	– – –	– – –	– – –
Katar	–	–						x
Kenia	5	10			x	x		
Kolumbien	135	100			x	x		x
VR Kongo	5	–			– – –	– – –	– – –	– – –
Kuwait	65	50			– – –	– – –	– – –	– – –
Libyen	50	200						x
Malaysia	5	10			x	x		x
Marokko	35	100			– – –	– – –	– – –	– – –
Mauritius	–	–			x			
Mexiko	–	–			x			

Land	Lieferungen laut ACDA 1967-76 (1) in Mio DM	Lieferungen laut ACDA 1973-77 (2) in Mio DM	Lieferungen laut „Zusammenfassender Überblick ..." von (3): Kriegswaffen in Mio DM, 1974-78	Sonst. Rüstungsgüter, in Mio DM 1976-78	Waffen	Teilen von Waffen	Fertigungsunterlagen	Fabrikationsanlagen
Nepal	–	–			x			x
Nicaragua	–	–			x	x		
Niger	5	10						x
Nigeria	65	25	435	56	x	x	x	x
Nordkorea	–	25			– –	– –	– –	– –
Oman	–	–				x		
Pakistan	15	25			x	x		x
Paraguay	–	–			x	x		x
Peru	295	150			x	x		x
Philippinen	5	25			x			x
Sambia	15	10			– –	– –	– –	– –
Saudi-Arabien	35	10		57		x		
Singapur	30	25			x	x	x	x
Somalia	15	25			– –	– –	– –	– –
Sudan	5	–			x	x		x
Südkorea	–	50				x		
Syrien	115	10						x
Taiwan	–	–				x		
Thailand	15	25	16		x	x		x
Trinidad	–	–			x			
Tunesien	15	25				x		
Uruguay	–	–			x	x		
Venezuela	135	300	164		x	x		x
Vereinigte Arab. Emirate	–	225				x		x
Zaire	50	50			– –	– –	– –	– –

Quellen: (1) ACDA, World Military Expenditures and Arms Transfers, 1967-76, Washington 1979.
(2) ACDA, World Military Expenditures and Arms Transfers, 1968-77, Washingten 1979.
(3) nach: Der Spiegel 14/79; soweit nicht anders angegeben, umfassen die Angaben den Zeitraum 1969-1979.

Entnommen aus: Michael Brzoska, Bundesdeutsche Rüstungsexporte in die Dritte Welt, in: B. Moltmann (Hrsg.), Militarismus und Rüstung, Heidelberg 1981

4.5 Empfänger deutscher Rüstungsgüter und militärischer Ausrüstungshilfe, (außerhalb der NATO) und Kriege in der Dritten Welt

(1) Land	(2) Lieferungswert, 1973–77 in US-$	(3) Lieferung von	(4) Kriege von 1945–1976*
1 Ägypten	140	A	1948–49, 1951–52, 1956, 1967, 1973
2 Äthopien	5	AM	1961, 1963–64
3 Afghanistan		W	
4 Algerien	210	T A	1945, 1954–57, 1963, 1967, 1973
5 Angola	10		1961–74, 1975–76
6 Argentinien	30	WTFA	
7 Australien⊕	40	WTFA	
8 Bangladesh		WT A	
9 Bolivien		WT	1949, 1952, 1967
10 Brasilien	30	WT A	
11 Brunei		WT	
12 Burma	10	WT A	1948, 1962
13 Burundi	5		1972
14 Chile		W	
15 Ecuador	80	WT	
16 Elfenbeinküste			
17 El Salvador		WT	1969
18 Finnland⊕		WT	
19 Ghana	10	T	
20 Guatemala		WT	1954, 1962–72
21 Guayana		W	
22 Hongkong		WT	
23 Indien	10	T A	1946–47, 1947–48, 1964–65, 1961, 1962, 1965, 1966–67, 1971
24 Indonesien	5	WT AM	1945–49, 1957–58, 1962, 1975
25 Irak	60	T A	1948–49, 1961–64, 1965–70, 1967, 1973, 1974–75

(1) Land	(2) Lieferungswert, 1973–77 in US-$	(3) Lieferung von	(4) Kriege von 1945–1976*
26 Iran	400	WTFAM	1946
27 Irland⊕		WT	
28 Israel		WT A	1948, 1956, 1967, 1973
29 Japan⊕		WT A	
30 AR Jemen		M	1948, 1962–70, 1972
31 Jugoslawien		T A	
32 Kamerun		M	1955–63
33 Katar		WT AM	
34 Kenia	5		1952–56, 1963–67
35 Kolumbien	40	WT A	1948–53, 1954–57, 1962, 1964–72
36 VR Kongo		M	
37 Kuwait	20		1967, 1973
38 Lesotho		M	
39 Libanon			
40 Libyen	80	A	1967, 1973
41 Malawi		M	
42 Malaysia	5	WT AM	1948–51, 1963–66
43 Mali		M	
44 Malta		M	
45 Marokko	40	M	1952–56, 1957–58, 1963, 1967, 1975
46 Mauretanien		M	1975
47 Mauritius		W	
48 Mexiko		W	
49 Nepal		W A	1961–62
50 Neuseeland⊕		W	
51 Nicaragua		WT	1955, 1957
52 Niger	5	AM	
53 Nigeria	10	WT A	1967–70
54 Nordkorea	10		1950–53
55 Obervolta		M	
56 Oman		T	1955–63, 1965
57 Österreich⊕		WT A	
58 Pakistan	10	WT A	
59 Paraguay		WT A	1947, 1959–60, 1965, 1971

(1) Land	(2) Lieferungswert 1973–77 in US-$	(3) Lieferung von	(4) Kriege von 1945–1976*
60 Peru	60	WT A	
61 Philippinen	10	W A	1965, 1970–76
62 Ruanda		M	1963–64
63 Sambia	5	(M)	
64 Saudi-Arabien	5	T A	1967, 1969, 1973
65 Schweden⊕		WT A	
66 Schweiz⊕	10	WT A	
67 Singapur	10	WTFA	
68 Somalia	10	M	1963–64, 1963–67
69 Spanien⊕	70	WTFA	
70 Sudan		WT AM	1965–72, 1970
71 Südkorea	20	T	1950–53
72 Syrien	5	A	1948–49, 1967
73 Taiwan		T	
74 Thailand	10	WT A	1965
75 Togo		M	
76 Tonga		M	
77 Trinidad		W	
78 Tschad		M	1968–72
79 Tunesien	10	M	1952–54, 1967, 1973
80 Uruguay		WT	1961
81 Venezuela	80	WT A	1961–70
82 Verein. Arab. Emirate	90	T A	1967
83 Zaïre (Kongo K.)	20	M	1960–64, 1963–69, 1967

** = nur sogenannte «militärische Ausrüstungshilfe» (nicht Polizeihilfe)
* = Kende registriert einen Konflikt, wenn
1. reguläre Streitkräfte bei mindestens einer der Konfliktparteien eingesetzt werden, außerdem
2. ein gewisser Organisationsgrad gegeben ist und organisierter Kampf stattfindet und
3. eine gewisse Kontinuität im Kampf (auch wiederkehrend sporadisch) gegeben ist.

⊕ = Industrieländer — F = Fertigungsunterlagen
W = Waffen — A = Anlagen zur Herstellung von Rüstung
T = Teile von Waffen — M = Militärausrüstungshilfe

Quellen:
Spalte (2): U.S. Arms Control and Disarmament Agency, World Military Expenditures and Arms Transfers 1968–1977, Washington 1979.
Spalte (3): WTFA = Der Spiegel 14/1979.
M = Wehrdienst 549/1976 und 682/1978.
Spalte (4): Istvan Kende, List of Wars 1945–1976, in: Journal of Peace Research 3/1978, S. 239–241.

Entnommen aus: Michael Brzoska/Herbert Wulf, Offensive im Rüstungsexport, in: Studiengruppe Militärpolitik (Hrsg.), Aufrüsten um abzurüsten? Informationen zur Lage, Reinbek bei Hamburg 1980

4.6 Die größten Rüstungstransfers aus der Bundesrepublik seit 1976 in Entwicklungsländer

Rüstungsgüter	Lieferfirma/ Hersteller	Empfängerland	Wert in Mio. DM	Bemerkung
Kampfflugzeuge, Hubschrauber, Transportflugzeuge				
6 Leichtflugzeuge		Ägypten		
4 Airbus (mit Luftbetankungseinrichtungen)	Airbus Industries	Südafrika		über Frankreich
2 Do 28	Dornier	Äthiopien	2,3	
2 Transportflugzeuge F 28	Fokker/VFW	Iran		
5 Transportflugzeuge F 27	Fokker/VFW	Argentinen	35	über Niederlande (?)
2 Transportflugzeuge F 28	Fokker/VFW	Gabun		
5 Transportflugzeuge F 28	Fokker/VFW	Indonesien		
2 Transportflugzeuge F 28	Fokker/VFW	Elfenbeinküste		
3 Transportflugzeuge F 27	Fokker/VFW	Nigeria	21	
5 Hubschrauber Bo 105	MBB	Philippinen	(10)	Lizenzproduktion
6 Hubschrauber Bo 105	MBB	Chile	(12)	über die Schweiz
24 Hubschrauber Bo 105	MBB	Nigeria	(48)	
Hubschrauber Bo 105	MBB	Sudan		
Hubschrauber Bo 105	MBB	VR China		Koproduktionsvertrag abgeschlossen
Hubschrauber Bo 105	MBB	Indonesien		Lizenzproduktion, Weiterexport vorgesehen

Rüstungsgüter	Lieferfirma/ Hersteller	Empfängerland	Wert in Mio. DM	Bemerkung
200 Kampfflugzeuge Alpha-Jet	Dornier/Dassault	Ägypten	(300)	Vertrag abgeschlossen, Produktion weiterhin offen
5 Kampfflugzeuge Alpha-Jet	Dornier/Dassault	Togo	(75)	Lieferung 1980
6 Kampfflugzeuge Alpha-Jet + 6 Optionen	Dornier/Dassault	Elfenbeinküste	(90)	Lieferung 1980/81
24 Kampfflugzeuge Alpha-Jet	Dornier/Dassault	Marokko	(360)	
12 Kampfflugzeuge Alpha-Jet	Dornier/Dassault	Nigeria		
Flug- und Panzerabwehrsysteme				
4 Flugabwehrsysteme «Roland»	Messerschmitt-Bölkow-Blohm (MBB)	Brasilien	(60)	mit französischer Kooperation
Panzerabwehrrakete «Cobra»	MBB			
Panzerabwehrlenkwaffe «Milan»	MBB (Euromissile)	Libanon		über Frankreich
Panzerabwehrlenkwaffe «Milan»	MBB (Euromissile)	VR China	1,3 (incl. HOT)	Vertrag abgeschlossen über Frankreich
Panzerabwehrlenkwaffe «Milan»	MBB (Euromissile)	Syrien	215 (incl. HOT) nur MBB-Anteil	über Frankreich
Panzerabwehrlenkwaffe «Milan»	MBB (Euromissile)	Ägypten		
Panzerabwehrlenkwaffe «Milan»	MBB (Euromissile)	Irak		

Panzerabwehrlenkwaffe «Milan»	MBB (Euromissile)	Südafrika		über Frankreich
Panzerabwehrlenkwaffe HOT	MBB (Euromissile)	Ägypten		über Frankreich
Panzerabwehrlenkwaffe HOT	MBB (Euromissile)	Kuwait		
Panzerabwehrlenkwaffe HOT	MBB (Euromissile)	Syrien		
Panzerabwehrlenkwaffe HOT	MBB (Euromissile)	Irak		
Panzerabwehrlenkwaffe HOT	MBB (Euromissile)	VR China		Vertrag abgeschlossen über Frankreich
Panzerabwehrlenkwaffe «Mamba»	MBB	Chile	0,4	über Italien
Panzerabwehrlenkwaffen ?	?	Argentinien		
Infanteriewaffen, Munition etc.				
200 Kampfpanzer «TAM» mit 105-mm-Kanone	Thyssen-Henschel	Argentinien	(250)	Produktionslizenzen; Weiterexport nach Pakistan und VR China vorgesehen
300 Schützenpanzer «TAM» mit 20-mm-Kanone	Thyssen-Henschel	Argentinien	(200)	
Kleinwaffenfabrik	F. Werner	Iran	(1000)	
Kampfpanzer Leopard 1	Krauss-Maffei	Libyen/Äthiopien?		über Italien
Flugabwehrkanonen		Argentinien		
Handfeuerwaffen, Granaten, Munition, Zünder		u. a. Iran		
		Philippinen		
		Thailand		
		Libyen		über die Türkei
		Kolumbien		
		Singapur		
		Indonesien		
		Kenia		
		Mexiko		

Rüstungsgüter	Lieferfirma/ Hersteller	Empfängerland	Wert in Mio. DM	Bemerkung
Kriegsschiffe				
2 U-Boote Typ 209	Howaldtswerke/	Ecuador	(200)	
2 U-Boote Typ 209	Deutsche Werft AG	Indonesien	(250)	Bundesbürgschaft
2 U-Boote Typ 209	HDW	Kolumbien	(200)	
4 U-Boote Typ 209	HDW	Peru	(400)	bereits früher 2 geliefert
2 U-Boote Typ 209	HDW	Venezuela	164	
1 U-Boot Typ TR 1700	Thyssen-Nordsee-werke	Argentinien	339	einschl. Produktions-anlagen
6 U-Boote Typ 209	HDW	Iran	1000	inzwischen storniert
1 Fregatte «Meko 360»	Blohm + Voss	Nigeria	314	Lieferung 1981
6 Fregatten «Meko 360»	Blohm + Voss	Argentinien	(1800)	
2 Landungsschiffe LST 1300	HDW	Nigeria		
3 Schnellboote	Fr. Lürssen	Ecuador	321	
4 Schnellboote Jaguar II + III	Fr. Lürssen	Ghana	(200)	
2 Patrouillenboote	Ruthof	Ghana		
1 Patrouillenboot	Fr. Lürssen	Malawi		
3 Schnellboote Jaguar III	Fr. Lürssen	Nigeria	(200)	
6 Schnellboote Jaguar III	Fr. Lürssen	Malaysia	(400)	Lizenzproduktion

* Außer Entwicklungsländer in der NATO (Griechenland, Portugal, Türkei)
() Preise Mindestschätzungen des Auftragswertes
Quelle: Archiv Arbeitsgruppe Rüstung und Unterentwicklung

Militärische Ausrüstungshilfe, Bewilligungen für 1979-1981

Land	Betrag in Mio DM	zugesagte Lieferungen
Indonesien	0,8	Beratung und Ausbildung von Fachkräften zur Bedienung der zuvor exportierten U-Boote
Iran	(3,9)	Restbeträge alter Zusagen zum Aufbau militärischer Infrastruktur
AR Jemen	5	Militär-LKW
Kamerun	5	Versorgungsfahrzeuge
VR Kongo	0,6	Medizinisches Gerät f. Militärhospital
Lesotho	3	keine Angaben
Malawi	3	Technische Ausrüstung eines Flugplatzes, Kraftfahrzeuge
Malaysia	0,5	Hafenbau- und Werftberatung, Ausbildung
Mali	8	Straßenbaugerät, LKW-Reparaturgerät und Ausbildung
Malta	3	Fernmeldegerät, Kraftfahrzeuge
Marokko	9	Intendanturmaterial (Feldbäckereien, Feldküchen, Kühlwagen), Sanitätsmaterial
Mauretanien	2	Kraftfahrzeuge
Niger	11	DO-Skyservant-Transportflugzeuge, Straßenbaumaterial, Ausbildung
Obervolta	5	Straßenbaumaterial
Ruanda	6	Fernmeldematerial, Kraftfahrzeuge
Somalia	10,5	Fernmeldematerial, Kraftfahrzeuge, 2 Do Skyservant-Transportflugzeuge
Sudan	11	Druckereiprojekt, Sanitätsprojekt
Togo	4	Transportmaterial, Straßenbaumaterial
Tonga/West Samoa	k.A.	Unterstützung beim Aufbau zweier Seefahrtsschulen
Tschad	2,5	Kraftfahrzeuge, Kraftfahrzeugersatzteile
Tunesien	12	Intendantur- und Sanitätsmaterial
Zaire	3	Fernmeldesystem zur Grenzsicherung

Entnommen aus: Michael Brzoska, Bundesdeutsche Rüstungsexporte in die Dritte Welt, in: B. Moltmann (Hrsg.), Militarismus und Rüstung, Heidelberg 1981

4.8 Verwendung des G-3 Gewehres von Heckler & Koch (Design) bei Polizei und Militär in Ländern der Dritten Welt

	1976	zusätzlich bis Anfang 1979	Größere gewalttätige Auseinandersetzungen 1979
Lateinamerika	Bolivien Brasilien + Chile Kolumbien Dom. Republik El Salvador Peru	Guayana Haiti	Bolivien M El Salvador B
Afrika, Orient	Ghana Kenia Nigeria Sudan Sambia Tansania Tschad Uganda Abu Dhabi Dubai Iran + Jordanien Pakistan + Qatar Saudi Arabien + Sharja	Elfenbeinküste Malawi Marokko Niger Senegal Togo Obervolta	Ghana M Sambia G Tansania G Tschad B Uganda GB Iran B Marokko G
Asien (ohne Orient)	Burma Indonesien Malaysia + Philippinen Thailand	Bangladesh Brunei	Indonesien B Thailand G Philippinen B

Quellen: JANE'S Infantry Weapons 1976 und 1979/80
Zeichenerklärung: + = Lizenzproduktion
G = Grenzkrieg
B = Bürgerkrieg
M = Militärputsch

Entnommen aus: Michael Brzoska, Bundesdeutsche Rüstungsexporte in die Dritte Welt, in: B. Moltmann (Hrsg.), Militarismus und Rüstung, Heidelberg 1981

4.9 *Aspekte der Diskussion Deutscher Rüstungsexporte in die Dritte Welt*

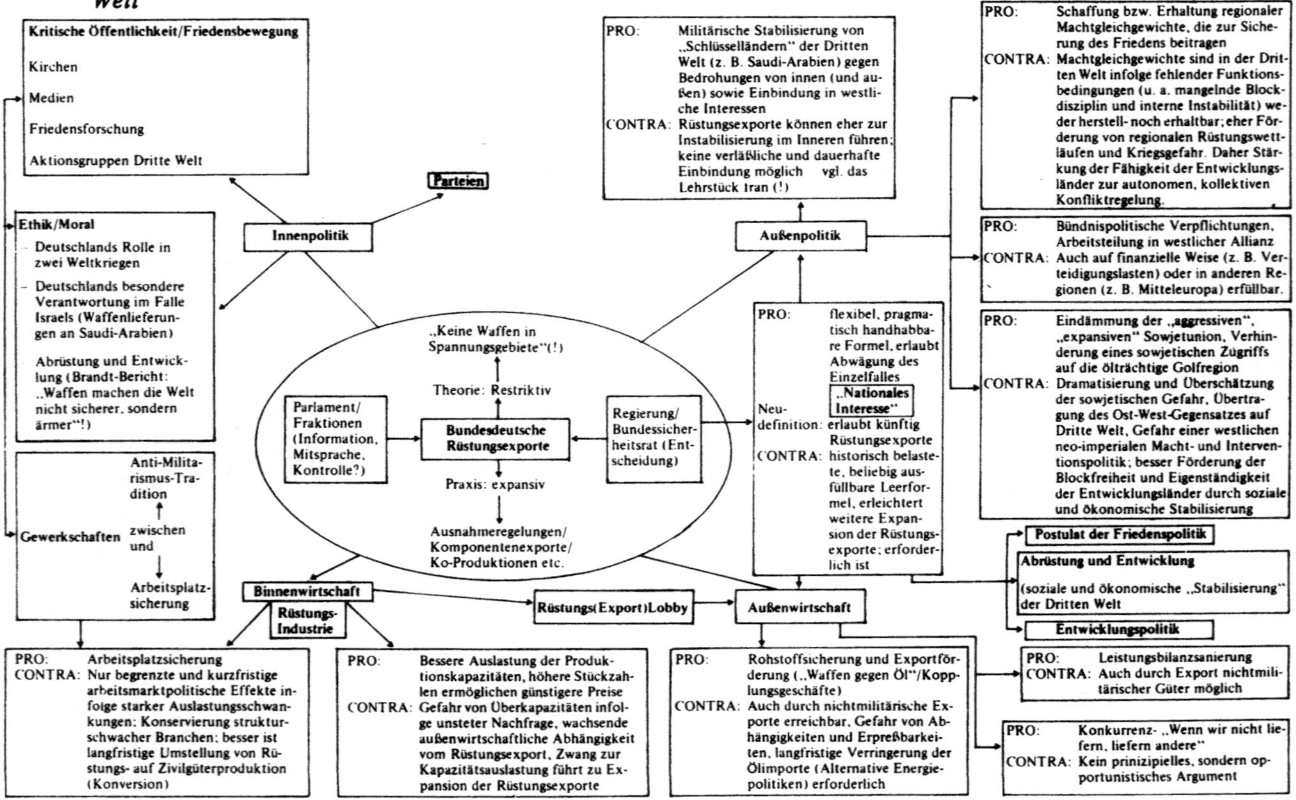

4.10 Rüstungsexporte zur Stabilisierung regionaler Abschreckungsgleichgewichte in der Dritten Welt? (Ekkehart Ehrenberg)

Das Grundgesetz selbst gibt in seiner Präambel mit der Aufforderung, „dem Frieden der Welt“ zu dienen, einen deutlichen Hinweis darauf, woran sich staatliches Handeln in erster Linie orientieren muß. Für die Bundesregierung bedeutet dies eine besondere Verantwortung. Das gilt ganz generell, aber im besonderen auch für Entscheidungen über Waffenexporte. Dem Frieden zu dienen, schließt die Selbstverteidigung, auch mit militärischen Mitteln, nicht aus. Ebenso steht die Aufforderung nicht prinzipiell im Gegensatz zum „nationalen Interesse“ von dem jetzt so viel gesprochen wird, es sei denn – und hier ist Vorsicht geboten –, der Dienst am Frieden tritt dabei zurück bzw. die Selbstverteidigung wird zu weit ausgelegt.

Verständigt man sich auf die Vermeidung von Kriegen als oberstes Gebot, wobei unterstellt wird, daß Freiheit und Gerechtigkeit als Bestandteile eines weiter gefaßten Friedensbegriffs gewaltlos erkämpft werden können und müssen, so hat man noch keine Antwort auf die Frage „Waffenlieferungen, ja oder nein?“ gegeben, aber wenigstens eine Grundlage zu ihrer Beantwortung gelegt. In einem weiteren Schritt ist dann zweierlei zu klären: Wie kann der Ausbruch von Kriegen verhindert werden und – was nicht dasselbe ist – was kann die Bundesregierung mit einer positiven oder auch negativen Entscheidung über Waffenexporte in diesem Zusammenhang bewirken?

In Europa besteht ein relativ breiter Konsens darüber, daß die Heftigkeit von Konflikten, der Grad der Bereitschaft, Konflikte gewaltlos zu lösen, und schließlich das Vorhandensein einer – nicht nur, aber auch – militärischen Abschreckung entscheidende Faktoren sind, die über Krieg und Frieden bestimmen. Demnach kommt es darauf an, Konflikte abzubauen, den Gewaltverzicht zu stärken, und – beim Vorhandensein von ernsten Konflikten – für militärische Abschreckung zu sorgen.

Abschreckung in der Dritten Welt und in Europa sind nicht das gleiche. Die nukleare Komponente und die Einbindung der Kontrahenten in Blöcke spielen eine Rolle. Dennoch sind die Grundprinzipien überall, so auch im Nahen und Mittleren Osten, gültig. Sich auf Waffen allein zu verlassen, macht den Frieden labil. Das gleiche gilt gerade in „Spannungsgebieten“ (wo sonst?), aber auch für das Fehlen von Waffen im Sinne einer ausreichenden militärischen Abschreckung. Politisches und Militärisches gehören nicht nur im Bild klassischen Großmachtverhaltens zusammen, sondern auch dann, wenn es darauf ankommt, den Frieden zu stärken.

Quelle: Ekkehart Ehrenberg, Waffen an den Golf?, in: Saudi-Arabien. Partner für die Bundesrepublik Deutschland, hrsg. v. Nah- und Mittelost-Verein e. V.

4.11 Kritik des Ehrenberg-Arguments durch Michael Brzoska

Die Argumentation beginnt mit dem Halbsatz, daß das deutsche Volk von dem Willen beseelt sei, „dem Frieden der Welt zu dienen“ (Präambel zum Grundgesetz). Dies betrachtet Ehrenberg als direkt verpflichtend für Gesetzgeber und Regierung. Andere Gesichtspunkte, wie z. B. außenpolitische oder sicherheitspolitische Gesichtspunkte der Bundesrepublik, hätten sich diesem Friedensgebot unterzuordnen. Wie aber dient die Bundesrepublik Deutschland dem Frieden der Welt durch Rüstungsexporte? Nichtliefern könnte dazu führen, daß ein Land angegriffen wird, weil es militärisch zu schwach war. Der Auftrag des Grundgesetzes wäre in diesem Fall die Lieferung von Rüstungswaren gewesen – zur Verhinderung eines Krieges. „In all diesen Fällen (des militärischen Ungleichgewichts bei hoher Konfliktbereitschaft) wird ein grundsätzliches ‚Nein‘ zu Waffentransfers wenig hilfreich sein, um den Frieden zu erhalten. Es könnte sogar das Gegenteil der Fall sein." Nur in einem Fall befürwortet Ehrenberg ein generelles Rüstungsexportverbot: wenn ein Land keine Konflikte mit irgendwelchen Nachbarn hat. Diese den bisher gängigen politischen Aussagen widersprechenden Schlußfolgerungen sind das Ergebnis von Ehrenbergs rigoroser Anwendungen eines sehr einfachen Begriffs der „Abschreckung" und des „Gleichgewichts". Die Erhaltung des Zustandes des Nicht-Krieges zwischen den Ländern der Dritten Welt, die eigentlich alle irgendwelche Konflikte miteinander hätten, kann nur durch ein militärisches „Balance of Power" zwischen ihnen erreicht werden. Die Verantwortung auch der Bundesregierung bestehe darin, für ein solches ständiges, vom Gebrauch militärischer Gewalt abschreckendes, militärisches Gleichgewicht Sorge zu tragen.

Ehrenberg überträgt Vorstellungen von der friedenserhaltenden Kraft des „Gleichgewichts des Schreckens" auf die Länder der Dritten Welt. Er berücksichtigt weder die vielfältige Kritik am Abschreckungsdenken in den Industrieländern noch mögliche Unterschiede zwischen Industrieländern und Ländern der Dritten Welt. Niemand kann beweisen, daß tatsächlich das „Gleichgewicht des Schreckens" den Frieden in Mitteleuropa bewahrt hat – und ob es nicht sehr viel mehr politische Einsichten und Abhängigkeiten waren. Niemand kann auch beweisen, daß nicht – wie viele Friedensforscher, z. B. C. F. von Weizsäcker, befürchten – aufgrund technologischer Entwicklung immer treffsicherer Atomwaffen eines Tages der Krieg unvermeidlich ist. Auf jeden Fall verursacht die „Abschreckung" hohe Kosten – wirtschaftlich und politisch, indem der ständige Kriegszustand der Regelfall aller Beziehungen ist.

Ein großes Problem ist auch die Meßbarkeit und Bestimmung des „Gleichgewichtes". Weitaus schwieriger ist dieses Problem in den Ländern der Dritten Welt. Kampfbereitschaft, Nachschub und Verankerung in der Bevölkerung im Konfliktgebiet sind für die Vorhersage des Ausgangs eines militärischen Konfliktes meist viel wichtiger als die Größe der Waffenarsenale. Die Bestimmung eines „Gleichgewichts" ist völlig willkürlich. Ehrenbergs Logik führt zu einer völligen Freigabe des Waffenhandels, Ehrenberg erkennt dies ein Stück weit an, indem er zugibt, daß, wenn immer irgendein Land liefert, auch die Bundesrepublik liefern dürfe, selbst wenn vorher in der Bundesrepublik der Eindruck vorherrschend war, eine Lieferung würde kein Gleichgewicht bringen. Ehrenberg kommt zur Forderung, auch an Parteien zu liefern, die sich im Krieg befinden – wenn dadurch der Konflikt verkürzt werden kann. Ehrenberg macht aber Halt vor einem Tabu – an dem die Unhaltbarkeit seiner Position noch einmal deutlich wird: die Lieferung von Atomwaffen, der Bundesrepublik durch verschiedene Abkommen verboten. Wenn auch die Länder der Dritten Welt über Nuklearwaffen verfügen würden, müßte nach Ehrenbergs einfacher Gleichgewichts-/Abschreckungsthese die Weiterverbreitung von Nuklearwaffen nicht nur wünschenswert, sondern geradezu die Lösung des Kriegsproblems sein.

Quelle: Michael Brzoska, Von der Proliferation des Wettrüstens, in: epd-Entwicklungspolitik 2/3, 1981.

4.12 *Argumente für und Gründe gegen Waffenexporte in Entwicklungsländer (EKD)*

2. Argumente für und Gründe gegen Waffenexporte in Entwicklungsländer

Im folgenden sollen in Argument und Gegenargument die Probleme des Verhältnisses von Rüstung und Entwicklung erörtert werden.

2.1 Es wird betont, die Entwicklungsländer hätten ebenso ein Recht auf Sicherung ihrer staatlichen Existenz und nationalen Grenzen wie die Industrieländer. Deshalb könnten ihnen Waffenlieferungen nicht prinzipiell verweigert werden.

Das Recht der Entwicklungsländer auf Selbstverteidigung ist allgemein anerkannt. Vor Zugriffen müssen sie sich notfalls auch militärisch schützen können. Denn in vielen Fällen haben diese Länder die Folge von willkürlichen kolonialen Grenzziehungen zu tragen; die Nachbarländer suchen oft in militärischen Erfolgen von inneren Schwierigkeiten abzulenken; Separatisten operieren immer wieder von jenseits der nationalen Grenzen; auch transnationale Auseinandersetzungen wie der West-Ost-Konflikt sind Ursachen für nationale Bedrohungen. Für viele dieser Länder sind ferner aufgrund von Entwicklungsimpulsen neuartige Spannungen entstanden. Energieverteuerung, weltweite Inflation und Wettbewerbsverschärfungen erhöhen schließlich diese Spannungen. Selbst wenn sich endlich spürbare Erfolge im Nord-Süd-Dialog abzeichnen sollten, ist nicht auszuschließen, daß für die nahe Zukunft die internen Konflikte in den Entwicklungsländern an Heftigkeit zunehmen, die Spannungen dieser Länder untereinander wachsen, der Druck zur Einbeziehung in den West-Ost-Konflikt stärker wird und weitere Kriege zwischen diesen Ländern deren Disparität verschärfen.

Es ist jedoch zu fragen, wie der Anspruch auf nationale Unversehrtheit am besten gesichert werden kann. Die naheliegende militärische Lösung hat oft unabsehbare und unkontrollierbare nationale und regionale Folgewirkungen. Vielmehr sollten handlungsfähige internationale Gremien, kollektive Bündnisse und regionale Zusammenschlüsse gefördert oder geschaffen werden. Sie begründen Chancen, daß Bedrohungen begrenzt werden, militärisch ausgedünnte Zonen mit entsprechendem wirtschaftlichem Wachstum entstehen und damit Spielräume für politische Konfliktlösungsversuche wachsen.

2.2 Es wird die Ansicht vertreten, es seien auch in der Dritten Welt zur Sicherung äußeren Friedens militärische Gleichgewichte aufzubauen, weil die Politik des militärischen Gleichgewichts, zumindest in Europa, länger als 30 Jahre lang blockübergreifende militärische Auseinandersetzungen verhindert habe.

Zwar sollen und können gut ausgerüstete Streitkräfte Politiker gegen Erpressung und Einschüchterungsversuche schützen; sie führen aber zugleich erfahrungsgemäß zu einer Rüsungsdynamik, die die Handlungsspielräume von Politikern in anderer Hinsicht zwangsläufig eineengt. Damit wird man sich jedoch künftig weniger denn je abfinden können. Zur Friedenssicherung ist vordringlich ein konsequenter Ausbau der Entwicklungspolitik nötig. Verantwortlich angelegt ist sie auf lange Sicht zugleich kostengünstiger als militärische Konfliktregelung.

2.3 Es wird argumentiert, nachdem die Dritte Welt zum Feld geostrategischer Auseinandersetzung zwischen Ost und West geworden ist, sei eine Einstellung von Rüstungslieferungen oder auch nur eine Verminderung als Einladung an die Gegenseite anzusehen, die Dritte Welt nach und nach militärisch zu okkupieren.

Dieses Argument wird relativiert durch die Erfahrung, daß die militärische Einflußnahme der Weltmächte auf Entwicklungsländer oft Abwehrkräfte mobilisiert, wenn diese Mächte die Eigenständigkeit und Unabhängigkeit dieser Länder einschränken. Die West-Ost-Auseinandersetzungen erschweren die Lösung der ohnehin komplizierten Probleme dieser Länder. Wer die West-Ost-Auseinandersetzung in die Nord-Süd-Politik überträgt, schadet den Interessen der Entwicklungsländer. Er verringert auch nicht die Probleme des West-Ost-Gegensatzes, sondern verschärft sie. Die geostrategische Auseinandersetzung zwischen Ost und West kann sinnvoll nur angegangen werden durch Verhandlungen zwischen Ost und West, kann sinnvoll nur angegangen werden durch Verhandlungen zwischen den Supermächten über Begrenzung von Rüstungsproduktion und Rüstungsexport einerseits und Stärkung der Bemühungen der blockfreien Staaten um eigenständige Entwicklung andererseits.

2.4 Es gibt die Auffassung, Waffenlieferungen in Entwicklungsländer seien notwendig bzw. das kleinere Übel, um zu verhindern, daß jedes Entwicklungsland seine eigene Rüstungsproduktion aufbaut. Außerdem sei über Waffenlieferungen eine politische Einflußmöglichkeit gegeben. Sie fuße letztlich auf der Entscheidungsfreiheit, im Falle eines Krieges Waffen, Ersatzteile und Personal für Schulung und Wartung zu liefern oder zu verweigern.

Demgegenüber muß jedoch festgestellt werden: Lokale Konflikte können zu überregionalen werden, weil jede Waffenlieferung die Spielräume für politische Entscheidungen einengt. Waffenlieferungen können sich in brisanten Situationen gegen Dritte wenden und Vierte auf den Plan rufen. Waffen gehören nicht nur für die Empfänger zu den gefährlichsten Importgütern. Auch für Lieferländer sind Rüstungsexporte gefährlich. Die zahlreichen Kriege in der Dritten Welt seit 1945 zeigen, daß mehr Waffen nicht mehr Sicherheit bedeuten und die Einflußmöglichkeiten von Waffenlieferländern begrenzt sind.

2.5 Manche Kräfte in Industrieländern versuchen, Probleme der Zahlungsbilanz, die insbesondere auf Verteuerung von Energie, Rohstoffen und Waren zurückzuführen sind, durch Rüstungsproduktion und -exporte auszugleichen. Gleichzeitig sollen damit Arbeitsplätze erhalten werden.

Andere, darunter auch führende Vertreter von Unternehmen und Gewerkschaften, wenden mit Recht dagegen ein, daß Rüstungsexporte eigene wirtschaftliche Schwierigkeiten auf Dauer nicht lösen. Auch in Entwicklungsländern schafft der Aufbau eigener Rüstungsindustrien Probleme. Das ist zugleich für die Industrieländer nachteilig, weil dadurch Marktchancen für zivile Güter kleiner werden und Anreize für produktive Zusammenarbeit entfallen. Der Erfolg der japanischen Wirtschaft ist unter anderem auch darauf zurückzuführen, daß sie keine Rüstungsindustrie aufgebaut hat, sondern die vorhandenen Kräfte auf die Entwicklung anderer Bereiche konzentrieren konnte.

Angesichts der ruinösen Verschuldung vieler Entwicklungsländer ist die Ausweitung des Waffengeschäftes entwicklungspolitisch eine Investition in verkehrter Richtung. Die Aufwendungen vieler Entwicklungsländer für Rüstung und deren Folgekosten steigen schneller als ihr Bruttosozialprodukt. Sie durchwachsen wie ein kräftiges Karzinom die nationalen Haushalte und entziehen elementaren Aufgaben zunehmend lebenswichtige Ressourcen. In manchen Entwicklungsländern verschlingen sie mehr als ein Drittel der Etatmittel und sind dreimal so hoch wie die Aufwendungen für Gesundheitsfürsorge. Das häuft innenpolitischen Sprengstoff an, der seinerseits das Wachsen von militärischer Repression begünstigt.

Neuerdings wird hervorgehoben, die Bundesrepublik als wichtiger Käufer von Öl und Rohstoffen dürfe die militärische Sicherung der Lieferländer nicht prinzipiell anderen überlassen. Ein Land wie die Bundesrepublik, das sich verpflichtet fühlt, für seine äußere Sicherheit im Rahmen von Bündnisverpflichtungen mit hohem Einsatz Sorge zu tragen, setze sich sonst dem Vorwurf von Blindheit oder Doppelbödigkeit aus. Es dürfe sich seiner weltpolitischen Mitverantwortung und dem Wunsch von Entwicklungsländern nach mehr Unabhängigkeit auch im militärischen Bereich nicht mit vorgeschobenen moralischen oder geschichtlichen Begründungen entziehen.

Dabei darf jedoch nicht übersehen werden, daß Deutschland 1939 einen schrecklichen Weltkrieg provoziert hat. Deshalb hat die Bundesrepublik Deutschland nach diesem Krieg zunächst auf jegliche Wiederbewaffnung verzichtet, sich dann nach schweren inneren Auseinandersetzungen zur militärischen Mitarbeit in der Westeuropäischen Verteidigungsunion bereit erklärt und schließlich die eigenen Streikräfte in die NATO integriert. Damit hat sie sich militärisch und rüstungspolitisch bewußt Beschränkungen auferlegt. Heute geht es darum, daß die eigenen Erfahrungen und Entscheidungen Gültigkeit behalten und die Epoche seit 1945 nicht zu einer Episode deutscher Geschichte wird.

Die eindeutige restriktive Haltung der Bundesrepublik in Fragen von Rüstungsexporten in die Dritte Welt hat — trotz manchmal entgegenlaufender Praxis — in bilateralen und internationalen Verhandlungen zu Klarheit und Glaubwürdigkeit deutscher Politik beigetragen und Spielräume für alternative Sicherheitsüberlegungen eröffnet.

Diese restriktive Haltung verpflichtet die Bundesrepublik Deutschland in besonderem Maße, sich um politische Lösungen von Konflikten zu bemühen. Dem Druck dieser Verpflichtung darf nicht durch Waffenlieferungen ausgewichen werden.

Es gibt Länder, die die Lieferung von Rohstoffen und die Abnahme von Industriegütern davon abhängig machen, daß wir ihnen auch Rüstungsgüter verkaufen.

Auf solche Kopplungen einzugehen und sich einem derartigen Druck zu beugen, ist ethisch unannehmbar. Eine besondere Aufgabe besteht darin, für die aus unserer Geschichte gewachsene Zurückhaltung international und innerhalb der eigenen Bevölkerung um Verständnis zu werben. Diese Haltung ist auch auf die Gefahr zeitweiliger politischer und wirtschaftlicher Nachteile hin durchzuhalten. Sie wird bekräftigt durch das Angebot, zu fairen Bedingungen anzubieten, was zu ziviler Entwicklung dringend gebraucht wird.

3. Schlußfolgerungen

Entwicklungspolitik ist Teil der Friedenspolitik und darf nicht einer nur militärisch verstandenen Sicherheitspolitik untergeordnet werden. Ebensowenig soll sich die Bundesrepublik in die Konkurrenz des internationalen Waffenhandels begeben.

3.1 Das heißt konkret:

— daß der besondere Beitrag der Bundesrepublik zur Völkergemeinschaft darin bestehen muß, glaubwürdig und ohne moralische Überheblichkeit für eine Eindämmung des Rüstungstransfers einzutreten;

— daß auch im Bundessicherheitsrat entwicklungspolitische Grundsätze zum Zuge kommen;

— daß die Diskussion um den Begriff „Spannungsgebiete“ nicht zu einer Lokkerung bisher restriktiver Rüstungsexportpolitik führen darf;

— daß Rüstungsexporte auf dem Umweg über die Koproduktion mit anderen Ländern durch politische Auflagen wirksamer zu kontrollieren und einzudämmen sind;

— daß internationale Absprachen über die Einschränkung des Rüstungstransfers anzustreben sind;

— daß Entwicklungspolitik die Friedensicherung in Entwicklungsländern vor allem durch soziale und wirtschaftliche Maßnahmen unterstützen muß.

3.2 Die Bundesregierung und die im Bundestag vertretenen Parteien sollen an den Rüstungsexportbeschränkungen festhalten und sie konsequent handhaben.

Auch in den kommenden wirtschafts- und finanzpolitisch schwierigen Zeiten soll der Entwicklungsetat wie in den vergangenen Jahren eine deutlich höhere Steigerungsrate haben als der Bundeshaushalt, speziell der Verteidigungsetat.

Entsprechend der bisherigen Zurückhaltung im Bereich des Rüstungsexports, die dazu geführt hat, daß nur 2.5 Prozent aller Beschäftigten in der verarbeitenden Industrie von der Waffenproduktion abhängig sind, sollen Bemühungen um Umstellung militärischer auf zivile Produktion, insbesondere im Schiffsbau, unterstützt werden.

Die von der Bundesregierung bei den Vereinten Nationen angeregte Registrierung der Rüstungsexporte, der Rüstungsimporte sowie der Pro-Kopf-Ausgaben der Staaten für Verteidigung und Entwicklungshilfe verdient Unterstützung und soll — nicht zuletzt unter Beteiligung der finanzstarken ölexportierenden Länder — intensiv weitergeführt werden.

Quelle: Evangelische Kirche in Deutschland, Der Waffenhandel gefährdet Überlebenschancen von Millionen, in: Frankfurter Rundschau vom 29.10.1981

4.13 Neue Richtlinien für den deutschen Waffenexport in die Dritte Welt
KWKG = Kriegswaffenkontrollgesetz
AWG = Außenwirtschaftsgesetz

In dem Bestreben,

— im Rahmen der internationalen und gesetzlichen Verpflichtungen der Bundesrepublik Deutschland, den Export von Rüstungsgütern am Sicherheitsbedürfnis und außenpolitischen Interesse der Bundesrepublik Deutschland zu orientieren,

— durch seine Begrenzung und Kontrolle einen Beitrag zur Sicherung des Friedens in der Welt zu leisten

— und dementsprechend auch die Beschlüsse internationaler Institutionen zu berücksichtigen, die eine Beschränkung des internationalen Waffenhandels unter Abrüstungsgesichtspunkten anstreben,

und in Fortsetzung ihrer bewährten restriktiven Rüstungsexportpolitik

hat die Bundesregierung folgende Grundsätze für den Export von Kriegswaffen und sonstigen Rüstungsgütern beschlossen:

II. Nicht-NATO-Länder.

8. Der Export von Kriegswaffen und kriegswaffennahen sonstigen Rüstungsgütern in Länder außerhalb des Atlantischen Verteidigungsbündnisses bleibt eingeschränkt. Er darf insbesondere nicht zum Aufbau zusätzlicher, exportspezifischer Kapazitäten führen.

9. Der Export von Kriegswaffen (nach KWKG und AWG genehmigungspflichtig) wird nicht genehmigt, es sei denn, daß aufgrund besonderer politischer Erwägungen Ausnahmen allgemeiner Art festgelegt werden oder im Einzelfall vitale Interessen der Bundesrepublik Deutschland für eine ausnahmsweise Genehmigung sprechen. Vitale Interessen sind außen- und sicherheitspolitische Interessen der Bundesrepublik Deutschland unter Berücksichtigung der Bündnisinteressen. Beschäftigungspolitische Gründe dürfen keine ausschlaggebende Rolle spielen.

10. Für den Export kriegswaffennaher sonstiger Rüstungsgüter (nur nach AWG (Außenwirtschaftsgesetz, d. Red.) genehmigungspflichtig) werden Genehmigungen nur erteilt, soweit die im Rahmen der Vorschriften des Außenwirtschaftsrechts zu schützenden Belange der Sicherheit, des friedlichen Zusammenlebens der Völker oder der auswärtigen Beziehungen nicht gefährdet sind.

Es ist davon auszugehen, daß diese Schutzzwecke das volkswirtschaftliche Interesse im Sinne von Paragraph 3 Abs. 1 AWG überwiegen.

11. Für den Export der übrigen sonstigen Rüstungsgüter (ebenfalls nach AWG genehmigungspflichtig) werden Genehmigungen erteilt, soweit die Vorschriften des Außenwirtschaftsrechts nicht entgegenstehen.

12. Eine ausnahmsweise Genehmigung kommt nicht Betracht, wenn die innere Lage des betreffenden Landes dem entgegensteht.

13. Die Lieferung von Kriegswaffen und kriegswaffennahen sonstigen Rüstungsgütern darf nicht zu einer Erhöhung bestehender Spannungen beitragen. Lieferungen an Länder, bei denen eine Gefahr für den Ausbruch bewaffneter Auseinandersetzungen besteht, scheiden deshalb grundsätzlich aus.

Es muß eine hinreichende Sicherheit bestehen, daß die Kriegswaffen und kriegswaffennahen sonstigen Rüstungsgüter nur zur Verteidigung des Empfängerlandes oder der betreffenden Region bestimmt sind.

14. Lieferungen von Kriegswaffen dürfen nur bei Vorliegen von amtlichen Endverbleibserklärungen genehmigt werden. Auch bei der Sicherung des Endverbleibs von kriegswaffennahen sonstigen Rüstungsgütern sind strenge Maßstäbe anzulegen.

Bei Vergabe von Lizenzen, bei Exporten von Fertigungsunterlagen oder Anlagen zur Herstellung von Kriegswaffen sind Endverbleibsregelungen für die damit hergestellten Kriegswaffen anzustreben.

Quelle: Frankfurter Rundschau vom 4. Mai 1982

Ausgewählte Literatur

Die nachstehende Literaturauswahl beschränkt sich auf relativ leicht zugängliche, in deutscher Sprache verfaßte Zeitschriftenaufsätze, Bücher und Materialsammlungen. Zur besseren Orientierung sind einige der genannten Arbeiten kurz kommentiert. In einigen Fällen wurde auch die Bezugsquelle angegeben. In der Regel enthalten die genannten Titel weiterführende Literaturhinweise. Ferner sei der interessierte Leser auf die im Anmerkungsteil dieser Analyse enthaltenen Literaturhinweise aufmerksam gemacht.

1. Rüstung und Dritte Welt

Albrecht, Ulrich/Dieter Ernst/Peter Lock/Herbert Wulf, Rüstung und Unterentwicklung. Iran, Indien, Griechenland, Türkei: Die verschärfte Militarisierung, Reinbek bei Hamburg 1976.

Blätter des iz3W, Nr. 95, August 1981, Schwerpunkt Rüstung (verschiedene Beiträge zu Rüstung und Dritte Welt), Bezug: Informationszentrum Dritte Welt, Postfach 5328, Kronenstr. 16, 7800 Freiburg i. Breisgau.

Brock, Lothar, Abrüstung als Entwicklungspolitik, in: Aus Politik und Zeitgeschichte (Beilage zur Wochenzeitung das Parlament), B 42/80, S. 21-29.

Brzoska, Michael, Rüstung und Dritte Welt. Zum Stand der Forschung, Köln-London-München 1981 (mit ausführlicher annotierter Bibiliographie).

Der Überblick, Heft 1/1981 + Heft 2/1981, Waffenhandel mit der Dritten Welt + Militarisierung in der Dritten Welt. Bezug: Mittelweg 142, 2000 Hamburg 13.

Entwicklungspolitische Korrespondenz, Heft 1/1979 (2. Aufl. 1981), Militarismus und Dritte Welt. Bezug: Postfach 2846, 2000 Hamburg 19.

Kidron, Michael/Ronald Segal, Hunger und Waffen – Ein politischer Weltatlas zu den Krisen der 80er Jahre, Reinbek bei Hamburg 1981.

Körner, Peter, Rüstung und Unterentwicklung in Afrika, Arbeiten aus dem Institut für Afrika-Kunde 25, Institut für Afrika-Kunde, Hamburg 1980. Bezug: Neuer Jungfernstieg 21, 2000 Hamburg 36.

Lock, Peter/Herbert Wulf, Rüstung und Unterentwicklung, in: Aus Politik und Zeitgeschichte (Beilage zur Wochenzeitung das Parlament), B 18/79, S. 3-28.

Militärpolitik Dokumentation, Heft 14/15, 1979, Rüstungstransfers und Dritte Welt, Bezug: Haag + Herchen Verlag, Fichardstr. 30, 6000 Frankfurt/Main 1.

Wulf, Herbert, Rüstungsimport als Technologietransfer. Die negativen Wirkungen von Rüstungsimporten auf die Industrialisierung der Peripherieländer, München-London 1980.

2. Kriege in der Dritten Welt

Allgemeine Arbeiten

Friedensanalysen 8, Schwerpunkt: Kriege und Bürgerkriege der Gegenwart, Frankfurt/Main 1978, Bezug: Suhrkamp Verlag (enthält neben einer kurzen Einführung Fallstudien u. a. zu Indochina, zum Horn von Afrika, zum Südlichen Afrika und zum Libanon).

Gehmlich, Reiner/Klaus-Uwe Gunold, Zur Bedeutung von Konflikten im Bereich der Entwicklungsländer Asiens, Afrikas und Lateinamerikas, in: Asien, Afrika, Lateinamerika, Bd. 9, H. 2, Berlin-Ost 1981, S. 357-361 (Diskussion marxistischer Forschungsansätze ostdeutscher und polnischer Wissenschaftler).

Kende, Istvan, Fünfundzwanzig Jahre lokaler Kriege, in: Ekkehart Krippendorf (Hrsg.), Internationale Beziehungen, Köln 1973, S. 242-269 (empirische Untersuchung eines ungarischen Friedensforschers).

Khan, K. M./Volker Matthies (Hrsg.), Regionalkonflikte in der Dritten Welt. Ursachen, Verlauf/Internationalisierung und Lösungsansätze, Köln-London-München 1981 (mit einer ausführlichen Einleitung über „Kriegerische Konflikte in der Dritten Welt: Problemhorizont und Forschungsansätze" und „Die militärische Basis der Regionalkonflikte" sowie mit Fallstudien zur Mindanao-Rebellion in den Südphilippinen, zum Paschtunistan-Konflikt (Pakistan/Afghanistan), zum Bürgerkrieg im Libanon und zum Konflikt um Eritrea/Äthiopien).

Militärpolitik Dokumentation, Heft 27, 1982, Die Kriege nach 1945

Regionale Studien (zusätzlich zu den in den allgemeinen Arbeiten enthaltenen Fallstudien)

Böhme, Walter/Peter Lotz, Nahostkonflikt (Schülerarbeitsheft) Opladen 1977. Bezug: Leske Verlag +Budrich GmbH.

Clausen, Ursel, Der Konflikt um die Westsahara. Arbeiten aus dem Institut für Afrika-Kunde 16, Hamburg 1978.

Friedensanalysen: 6, S. 109-140, 8, S. 168-210, Der mittelamerikanische „Fußballkrieg", Teil I + II (Unterrichtsvorschläge und Materialien für die Jahrgangsstufe 9/10.

Jung, Harald, Nicaragua: Bereicherungsdiktatur und Volksaufstand, Frankfurt/Main 1980.

Matthies, Volker, Der Grenzkonflikt Somalias mit Äthiopien und Kenya, Hamburger Beiträge zur Afrika-Kunde 21, Institut für Afrika-Kunde, Hamburg 1977.

Ders., Der Eritrea-Konflikt. Ein „Vergessener Krieg" am Horn von Afrika, Arbeiten aus dem Institut für Afrika-Kunde 34, Hamburg 1981.

Militärpolitik Dokumentation, Heft 19, 1980, Militär und Gewalt im Südlichen Afrika.

Rudersdorf, Karl-Heinrich, Afghanistan – eine Sowjetrepublik? Reinbek bei Hamburg 1980.

Russel, Soulas de, Die Tschad-Frage: Gründe und Hintergründe, Arbeiten aus dem Institut für Afrika-Kunde 39, Hamburg 1982.

Schröder, Günter (Hrsg.), Afghanistan – Zwischen Marx und Mohammed. Materialien zur afghanischen Revolution – Teil I: Vorgeschichte und erste Schritte, Reihe Internationalismus – Informationen Nr. 6, Initiative für ein Sozialistisches Zentrum, Gießen 1980. Teil II: Reihe Internationalismus – Informationen Nr. 7. Bezug: Prolit., Postfach 1165, 6304 Lollar.

Wehling, Rosemarie, Der Nahost-Konflikt in der politischen Bildung, in: Aus politik und Zeitgeschichte, B 18/78 vom 6. Mai 1978.

3. Dritte Welt und Internationale Sicherheit

Arbeitsgruppe Friedensforschung Tübingen, Der Westen und die internationale Sicherheit. Argumente für eine andere Sicherheitspolitik, Argumente 5, Verein für Friedenspädagogik Tübingen, Tübingen 1981 (Kritik der von Karl Kaiser u. a. verfaßten Studie über „Die Sicherheit des Westens", s. u.). Bezug: Seelhausgasse 3, 7400 Tübingen.

Bertram, Christoph, Dritt-Welt-Konflikte und internationale Sicherheit, Bonn 1981 (Sammelband im Gefolge einer Tagung des Londoner Instituts für Strategische Studien).

Czempiel, Ernst-Otto, Entwicklungspolitik und ihr Verhältnis zur Außen- und Sicherheitspolitik, in: Entwicklung – Gerechtigkeit – Frieden (Dokumentation des Entwicklungspolitischen Kongresses der Kirchen, 24.-27.1.1979 in Bonn-Bad Godesberg), München–Mainz 1979, S. 235-242.

Hubel, Helmut/Siegfried Kupper, Sowjetunion und Dritte Welt. Politische Beziehungen und Interessen, Arbeitspapiere zur Internationalen Politik 14 des Forschungsinstituts der Deutschen Gesellschaft für Auswärtige Politik e. V., Bonn 1981.

Kaiser, Karl/Winston Lord/Thierry de Montbrial/David Watt, Die Sicherheit des Westens. Neue Dimensionen und Aufgaben, Bonn 1981 (Studie der Direktoren von vier westlichen Forschungsinstituten, die für interventionistische Maßnahmen zur Sicherung westlicher Interessen in der Dritten Welt plädiert).

Militärpolitik Dokumentation, Heft 26, 1982, Die Entwicklung der neuen Interventionspolitik der USA

Militärpolitik Dokumentation (Extra 2), USA-UdSSR. Supermächte zwischen Intervention und Selbstüberschätzung.

Rattinger, Horst, Rüstungskontrolle in der Dritten Welt, in: Aus Politik und Zeitgeschichte (Beilage zur Wochenzeitung das Parlament), B 32/80, S. 33-45.

4. Deutsche Rüstungsexporte in die Dritte Welt

Albrecht, Ulrich/B. A. Sommer, Deutsche Waffen für die Dritte Welt, Reinbek bei Hamburg 1972.

Albrecht, Ulrich/Peter Lock/Herbert Wulf, Arbeitsplätze durch Rüstung? Warnung vor falschen Hoffnungen, Reinbek bei Hamburg 1978.

Brzoska, Michael, Bundesdeutsche Rüstungsexporte in die Dritte Welt: Daten, Verfahren – Zusammenhänge, in: Bernhard Moltmann (Hrsg.), Militarismus und Rüstung. Beiträge zur Ökumenischen Diskussion, Texte und Materialien der Forschungsstätte der Evangelischen Studiengemeinschaft, Reihe A, Nr. 12, Heidelberg 1981, S. 67-100.

Brzoska, Michael/Herbert Wulf, Offensive im Rüstungsexport, in: Studiengruppe Militärpolitik (Hrsg.), Aufrüsten um abzurüsten? Informationen zur Lage, Reinbek bei Hamburg 1980, S. 259-278.

Ders., Rüstungsexport-Richtlinien der Bundesregierung, in: Anti-Imperialistisches Informations-Bulletin, Juli/August 1982, S. 78 f.

Ehrenberg, Eckehart, Der deutsche Rüstungsexport. Beurteilung und Perspektiven, München 1981.

Friedensanalysen 15, Hilfe + Handel = Frieden? Die Bundesrepublik in der Dritten Welt, Frankfurt am Main 1982.

Haftendorn, Helga, Die Militärhilfe und Rüstungsexporte der Bundesrepublik, Düsseldorf 1971.

Kötter-Schütz, A., Die wirtschaftliche und politische Bedeutung der Rüstungswirtschaft in der BRD (Unterrichtsmodell für das 9. Schuljahr), Hamburg 1978. Bezug: Friedenspolitische Studiengesellschaft, Admiralitätsstr. 71, 2000 Hamburg 11.

Krause, Joachim, Die Rüstungsexport-Politik der Bundesrepublik Deutschland, in: Europa-Archiv, Folge 12, 1981, S. 363-372.

Militärpolitik Dokumentation, Heft 18, 1980, Rechtliche Grenzen von Rüstungsproduktion und Rüstungshandel.

Militärpolitik Dokumentation, Heft 1, 1976, Die Deutsche Rüstungswirtschaft und die Dritte Welt.

Moltmann, Bernhard, Bewertung der Neuen Richtlinien für den Waffenexport, in: epd-Entwicklungspolitik 12/82

Nielebock, Thomas/Günther Gugel, Auf dem Weg zu einer neuen Rüstungsexportpolitik. Daten, Argumente, Stellungnahmen zur Diskussion in der Bundesrepublik Deutschland, Argumente 4, Verein für Friedenspädagogik Tübingen, Tübingen 1981.

Rodejohann, Jo/Christian Wellmann, Rüstungsproduktion und Arbeitsplätze, in: Der Überblick, Nr. 2, 1981, S. 91-95.

Schenck, Guntram von, Die außenpolitischen Implikationen des Rüstungsgeschäfts mit Saudi-Arabien, in: Aus Politik und Zeitgeschichte (Beilage zur Wochenzeitung das Parlament), B 14/81, S. 3-11.

GPSR Compliance

The European Union's (EU) General Product Safety Regulation (GPSR) is a set of rules that requires consumer products to be safe and our obligations to ensure this.

If you have any concerns about our products, you can contact us on ProductSafety@springernature.com

In case Publisher is established outside the EU, the EU authorized representative is:

Springer Nature Customer Service Center GmbH
Europaplatz 3
69115 Heidelberg, Germany

Batch number: 10809466

Printed by Printforce, the Netherlands